Das Wetter

Berthold Wiedersich

Das Wetter

Entstehung · Entwicklung · Vorhersage

103 Abbildungen, davon 66 farbig

Ferdinand Enke Verlag Stuttgart 1996

Berthold Wiedersich
Martinistr. 8, D-88214 Ravensburg

Die Deutsche Bibliothek – CIP-Einheitsaufnahme

Wiedersich, Berthold:
Das Wetter : Entstehung, Entwicklung, Vorhersage / Berthold Wiedersich.
Stuttgart : Enke, 1996
ISBN 3-432-27481-5

© 1996. Ferdinand Enke Verlag. P.O. Box 300366. D-70443 Stuttgart
   Printed in Germany

Satz: Berthold Wiedersich, D-88214 Ravensburg
Druck: Druckhaus Götz GmbH, D-71636 Ludwigsburg

ISBN Enke 3-432-27481-5
ISBN dtv   3-423-30552-5

Inhalt

1 Die Strömungen in der Atmosphäre und ihre Ursachen

1.1 Strahlungsenergie von der Sonne

Die Wettervorgänge in der Atmosphäre – dazu zählen Wind, Wolken, Regen, Schnee und alle mit ihnen zusammenhängenden Energieumwandlungen – sind Folgen weniger fundamentaler Vorgänge: der Sonneneinstrahlung, der Erdrotation und der Neigung der Erdachse gegen die Ekliptik.

Von der intensiven Sonnenstrahlung erreicht nur ein halbes Milliardstel die Erde, die im Mittel 150 Mio. km von ihrer Energiequelle entfernt ist. 30 % der auf die Erde treffenden extraterrestrischen Strahlung werden sofort reflektiert (Albedo). Demnach stehen der Erde nur 70 % für ihren Energiehaushalt zur Verfügung. 19 % werden in der Atmosphäre absorbiert, und auf direktem Weg und als diffuse Himmelsstrahlung gelangen insgesamt 51 % zur Erdoberfläche. Diese Strahlungsenergie wird von ihr aufgenommen und in Wärmeenergie umgewandelt. Davon wiederum werden 98 %, nun im langwelligen Bereich, abgestrahlt, aber nur 6 % gelangen ohne Umwege in den Weltraum hinaus, denn 92 % werden von Wasserdampf, Kohlendioxid und anderen Spurengasen absorbiert und zum großen Teil erneut, als langwellige Strahlung, auf die Erdoberfläche zurückgeworfen. Der Erde verbleibt letztendlich ein **Strahlungsgewinn** von rund 30 %.

Auf die Querschnittsfläche der Erdkugel treffen pro Tag $427 \cdot 10^{13}$ kWh auf, das ist sehr viel mehr Energie als die etwas über $1 \cdot 10^{10}$ kWh, die täglich alle Kraftwerke zusammen produzieren, und das Mehrmilliardenfache der Energie, welche in Deutschland erzeugt wird. Diese Energiemenge empfängt freilich die ganze Erdkugel. Wäre sie gleichmäßig auf die gesamte Erdoberfläche verteilt, würde sie immer noch ausreichen, um überall pro Tag eine 9 cm dicke Eisschicht zu schmelzen. Aber die Energiemenge ist wegen der Kugelgestalt eben nicht gleichmäßig verteilt. Abb. 1 zeigt die unterschiedlichen Energiesummen im Meridionalschnitt.

Für das irdische Klima sind folgende grundsätzliche Tatsachen wichtig:

- Die Abnahme der empfangenen Energiemenge vom Äquator zu den Polen. An den Polen steht innerhalb eines Jahres nicht einmal die Hälfte der Energie zur Verfügung, welche die äquatorialen Breiten erhalten.

– Die Unterschiede zwischen den Breitengraden differieren in ihrer Größe. Die geringsten Differenzen bestehen zwischen 0° und 30°, die größten gibt es zwischen 40° und 60°, also in den mittleren Breiten.

– Im Winterhalbjahr ist auch in den Tropen, die – sehr grob eingeteilt – bis ungefähr 30° nördlicher und südlicher Breite reichen, ein deutlicher Unterschied in Abhängigkeit vom Breitengrad festzustellen. Im Sommerhalbjahr hingegen steigt von 0° bis 30° der Energieempfang an. Die Ursache liegt im weitgehend fehlenden Wasserdampf in der über den Trockenzonen lagernden Luft, so daß diese Zonen mehr Strahlungsenergie erhalten als die mittags von Wolken verhangenen feuchten Tropen. Erst danach beginnt die Einstrahlungsmenge zu den Polen hin langsam zu fallen.

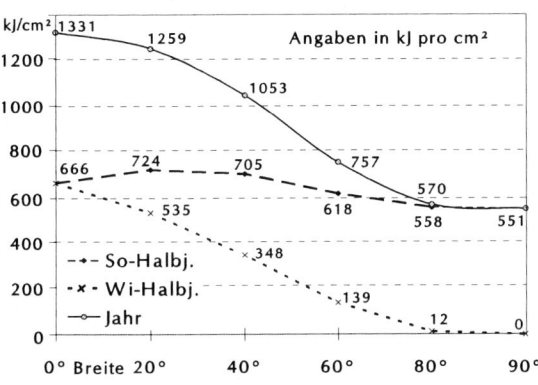

Abb. 1   Die Summen der eingestrahlten Wärmeenergie, verteilt auf die Breitengrade und auf die beiden Jahreszeiten bzw. auf das ganze Jahr.

Die unterschiedliche Verteilung der Sonnenenergie führt zu unterschiedlicher Erwärmung der Erdoberfläche und dadurch schließlich zu den Luftdruckgürteln, von denen in den folgenden Kapiteln noch die Rede sein wird.

Die Ausstrahlung von Wärmeenergie erfolgt, wie oben beschrieben, im langwelligen Bereich ($3 \cdot 10^{-6}$ und $100 \cdot 10^{-6}$m), also als Infrarotstrahlung. Doch sie kann durch die Atmosphäre nicht ohne weiteres hindurch. Wasserdampf, Kohlendioxid und die Spurengase, Ozon, FCKW, Stickstoffoxid, Methan und einige weitere, allesamt durch menschliche Aktivitäten in ihrem Ausstoß wesentlich erhöht oder zur Gänze verursacht, halten einen Teil der in den Weltraum gerichteten Strahlung zurück. Ohne diese dämpfende Wirkung läge die Durchschnittstemperatur an der Erdoberfläche nicht bei etwa $+15\,°C$, sondern bei ca. $-19\,°C$.

Den größten Strahlungsenergie-Überschuß verzeichnen die Gebiete der tropischen Ozeane, da die wasserdampffreie Luft nur eine relativ geringe Ausstrahlung zuläßt. Die randtropischen Trockengebiete erhalten zwar eine größere Menge an Strahlungsenergie von der Sonne, aber es wird, wegen der niedrigen Luftfeuchte, viel Energie wieder abgestrahlt, so daß die Bilanz dort erheblich schlechter ausfällt – die Nächte in der Wüste können, eben wegen der höheren Rückstrahlung, empfindlich kalt sein.

Die hohe Wärmeenergiemenge, welche die Gebiete der tropischen Meere erhalten, wird zum großen Teil zur Verdunstung verbraucht – sie sind die Hauptlieferanten für den Wasserdampf in der Atmosphäre. Die im verdunsteten Wasser gespeicherte Energie wird im wesentlichen in die Höhe transportiert und von dort letztendlich abgestrahlt. Der zurückbleibende Teil wird wie ein Teil der Wärmeenergie aus den Wüstenregionen horizontal bis in die Energiedefizit-Gebiete der hohen Breiten verfrachtet.

Ohne diesen Energiestrom wären die niederen Breiten noch stärker erwärmt und die höheren Breiten wesentlich kühler, denn deren Energieempfang in Form von Sonneneinstrahlung ist geringer als die Ausstrahlung. Im Januar überwiegt auf der Nordhalbkugel bereits nördlich von etwa 20° Breite die Ausstrahlung. Boden und Luft geben Energie ab. Dieses Defizit versucht der **Wärmetransport** zu decken, und dazu steuert auch die Südhalbkugel ihren Teil bei. Im Nordsommer hingegen ist auf der Nordhalbkugel in allen Breitenlagen insgesamt die Einstrahlung größer als die Ausstrahlung. In allen Zonen werden Boden und Luft erwärmt. Infolgedessen ist ein Wärmetransport in Richtung Südhalbkugel zu beobachten. Im Jahresmittel sind auf der Nordhalbkugel die Regionen bis zu 40° Breite Energieüberschußgebiete (s. Abb. 2). Weiter polwärts wird übers Jahr mehr Energie abgestrahlt, als die Sonnenstrahlung hereinbringt.

Der Wärmetransport geht mit einer **Energieumwandlung** einher, und zwar insofern, als die Erwärmung der Atmosphäre in den tropischen Breiten eine Erhöhung der sogenannten inneren Energie bedeutet. Diese Erhöhung führt gleichzeitig zur Vergrößerung der potentiellen Energie, einer Energie, die sich aus dem Gewicht und der Höhe eines Körpers ergibt, denn die Luft, deren innerer Energiegehalt steigt, d. h. wärmer wird, dehnt sich vertikal aus, sie reicht in größere Höhen, und das bedeutet, daß sie ihren Schwerpunkt nach oben verlagert. In Grenzen gehalten wird der Zuwachs der potentiellen Energie durch deren Umwandlung in kinetische Energie, es kommt also zu Windströmungen in Richtung der Gebiete, in denen die Luft eine niedrigere potentielle

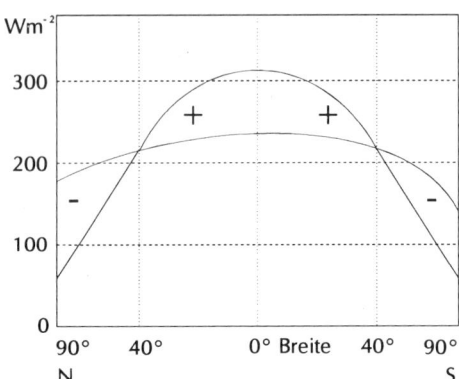

Abb. 2 Energieüberschuß- und Energiedefizitgebiete im Jahresdurchschnitt in Abhängigkeit von der Breitenlage.

Energie besitzt, die folglich weniger weit nach oben ausgedehnt ist. Auf dieses Phänomen wird in Kap. 1.4.1 näher eingegangen.

Die Energieumwandlung geht jedoch nicht gleichförmig vor sich, sondern unregelmäßig, in Wellen und Wirbeln. Dabei geht Bewegungsenergie verloren, sie wird insbesondere durch Reibung in innere Energie zurückverwandelt und schließlich vor allem in den höheren Breiten von der Erde abgestrahlt.

1.2   Der Stockwerkbau der Atmosphäre

Es gibt mehrere Einteilungsprinzipien für den Stockwerkbau der Atmosphäre. Der für die Meteorologie wichtigsten Einteilung liegt die vertikale Temperaturverteilung zugrunde. Die einzelnen Stockwerke, die sich dadurch ergeben, sind durch Änderungen des mittleren **Temperaturgradienten** gekennzeichnet, das heißt durch die Temperaturänderung pro 100 m vertikaler Strecke (s. Abb. 3).

Das Wettergeschehen spielt sich fast ausschließlich im untersten Stockwerk, in der **Troposphäre**, ab. Es enthält rund drei Viertel der Gesamtmasse der Atmosphäre und fast den gesamten Wasserdampf. In diesem Stockwerk erniedrigt sich die Temperatur im Mittel um 0,65 °C pro 100 Höhenmeter. Doch ist die im Regelfall zu verzeichnende Abnahme der Temperatur mit zunehmender Höhe starken Schwankungen unterworfen. Sie kann sogar von Schichten, in denen die Temperatur zunimmt, unterbrochen werden. Wetterlagen mit derartigen Temperaturschichtungen werden in Kapitel 2.2 ff. beschrieben.

Generell ist die normale vertikale Temperaturabnahme unter äquatorialen Breiten am stärksten. Ganz anders liegen hingegen die Verhältnisse am Pol, vor allem im Winter. Das Thermometer zeigt dort in einer immerhin bis zu 4 km mächtigen Bodenschicht häufig um 10 °C weniger an als in größeren Höhen. Die Obergrenze der Troposphäre, die **Tropopause**, liegt am Äquator zwischen 16 und 17 km und an den Polen zwischen 7,5 und 9,5 km Höhe, je nach Jahreszeit. Im Mittel liegt sie 11 km hoch, und die Temperatur beträgt -56 °C.

In der darüberliegenden **Stratosphäre** nimmt die Temperatur bis zur **Stratopause** wieder zu. Im nächsten Stockwerk, der Mesosphäre fällt sie erneut, und zwar bis auf etwa -90 °C in 80 bis 85 km Höhe. An deren Obergrenze, der **Mesopause**, kommen hin und wieder dünne Eiswolken vor, die, nach Einbruch der Nacht, noch von der kurz zuvor untergegangenen Sonne angestrahlt werden und als leuchtende Nachtwolken bekannt sind.

Die in Abb. 3 angegebenen Werte sind nur Mittelwerte der Nordhalbkugel. Die Details der Temperaturverteilung sind interessanter. In den polaren Breiten verursacht die andauernde Sonneneinstrahlung im Sommer eine kräftige Erwärmung der Stratosphäre, während zur Winterzeit die Temperaturen auf ca. -75 °C fallen. Durch eben diese sommerliche Erwärmung der Stratosphäre in den niederen Breiten und der damit einhergehenden langsamen Luftdruckabnahme mit der Höhe bildet sich innerhalb jenes Stockwerks ein mächtiges Hochdruckgebiet aus. Daher herrscht auf nahezu der gesamten Nordhalbkugel im besagten Stockwerk eine östliche Luftströmung. Im Winter hingegen, wenn wegen der großen Kälte der Luftdruck mit zunehmender Höhe sehr stark abnimmt, entsteht in jener Höhe ein großes Tief, das westliche Winde in Sturmstärke umkeisen (s. dazu Abb. 9).

Die niedrigsten Mitteltemperaturen der Stratosphäre – etwa -80 °C – mißt man im Bereich des Äquators, während doch dort der höchste Temperaturbereich der unteren Troposphäre liegt. Das hier angedeutete Gegenläufigkeitsprinzip, demzufolge die Temperaturen sich in der Stratosphäre ungefähr in derselben Größenordnung, aber in entgegengesetzter Richtung wie in der Troposphäre entwickeln, findet seine Anwendung sowohl im Tagesgang als auch im jahreszeitlichen Temperaturverlauf und bestimmt somit weitgehend die geographische Temperaturverteilung in der Stratosphäre. Da wärmere Luft ja ausgedehnter ist als kältere, folgt daraus außerdem, daß alle Luftdruckgegensätze an der

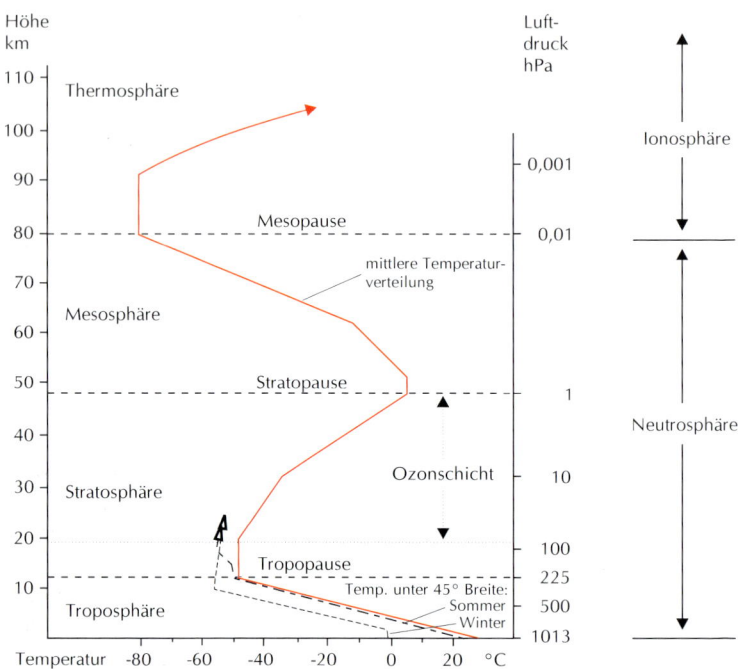

Abb. 3   Die mittlere vertikale Temperaturverteilung in der Normatmosphäre (s. a. Abb. 23). Der Temperaturverlauf bis in etwa 20 km Höhe auf der Nordhalbkugel unter 45° Breite ist gestrichelt dargestellt.

Obergrenze der Troposphäre sich mit zunehmender Höhe langsam verflachen (s. Abb. 12).

Zurück zum Stockwerkbau der Atmosphäre: Innerhalb der über der Mesosphäre liegenden **Thermosphäre** steigt die Temperatur stark an. Bei 500 km geht unsere Lufthülle kaum merklich in die **Exosphäre**, den interplanetaren Raum über. Die in diesem Stockwerk herrschende Hitze von mehr als 1.000 °C stimmt jedoch wegen der äußerst geringen Luftdichte nicht mehr mit den uns geläufigen Temperaturvorstellungen überein.

Auf Grund der Ionisierung kann die Atmosphäre aber auch anders eingeteilt werden: in zwei Hauptstockwerke, die **Neutrosphäre** und die **Ionosphäre**. In der unteren Schicht, der **Neutrosphäre**, sind die Moleküle bzw. Atome überwiegend elektrisch neutral. Über dieser lagert, beginnend in etwa 60 bis 80 km Höhe, die bis über 500 km hoch reichende **Ionosphäre**, die sich in mehrere Schichten erhöhter Ionisation unterteilen läßt: D-Schicht von 80 bis 100 km, E-Schicht um 100 km, F_1-Schicht von 150 bis 250 km, F_2-Schicht von 250 bis 500 km. Von diesen ionisierten Schichten werden die Radiowellen – am stärksten die Kurzwellen – reflektiert. Hervorgerufen wird die Ionisation von der Sonneneinstrahlung, daher schwächt sie sich in der Nacht ab, wodurch der Radioempfang klarer wird. Erhöht sich der Grad der Ionisation stark, etwa durch höhere UV-Einstrahlung infolge von Sonneneruptionen, treten Störungen der Reflexionseigenschaften auf, und der Empfang von Radiowellen verschlechtert sich erheblich.

1.3   Die allgemeine Zirkulation der Atmosphäre

Die Seefahrer der Vergangenheit waren von den Launen des Windes noch sehr viel stärker betroffen als die heutigen, auch wenn es in unseren Tagen ebenfalls immer wieder zu von Stürmen verursachten Schiffskatastrophen kommt.

Aus dieser Abhängigkeit heraus wurde das Studium der Winde von den alten Segelschiffern zu einer hohen Kunst entwickelt. Die Kapitäne wußten ganz genau, wo die **Passatwinde** mit beständiger Stärke aus immer derselben Richtung wehen, und sie nutzten sie für eine schnelle Überfahrt über den Atlantik und den Pazifik nach Westen. Sie fürchteten die äquatorialen **Kalmen**, in denen Windstillen und leichte umlaufende Winde ihre Segelschiffe häufig wochenlang kaum vorwärtskommen ließen. Und sie fürchteten noch mehr die zu bestimmten Jahreszeiten auftretenden tropischen **Wirbelstürme**, denen kaum zu entkommen war. Sie wußten auch, daß sie, um die Passatwindzonen zu erreichen, zunächst die Roßbreiten, angesiedelt bei etwa 30° nördlicher und südlicher Breite, durchqueren mußten, und die kaum merklichen Lüftchen jener Breiten ließen etliche Pferde auf dem Kombüsentisch landen, die eigentlich für Amerika, die Neue Welt, bestimmt waren.

Die großen **Windsysteme** (Abb. 8) waren damals in ihrer Ausprägung am Boden gut bekannt, doch welche Winde in der Höhe vorherrschen, wurde erst in unserem Jahrhundert langsam entdeckt. Auf eines der mächtigsten Windphänomene stieß man während des 2. Weltkrieges, als hoch fliegende Militärmaschinen gegen ungeahnt widrige Winde anzukämpfen hatten und dabei verunglückten. So ging über dem Mittelmeer ein deutsches Aufklärungsflugzeug, das in Höhen von etwa

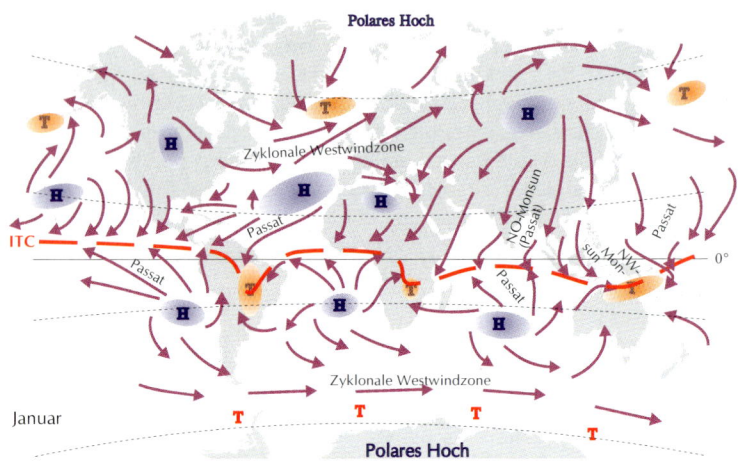

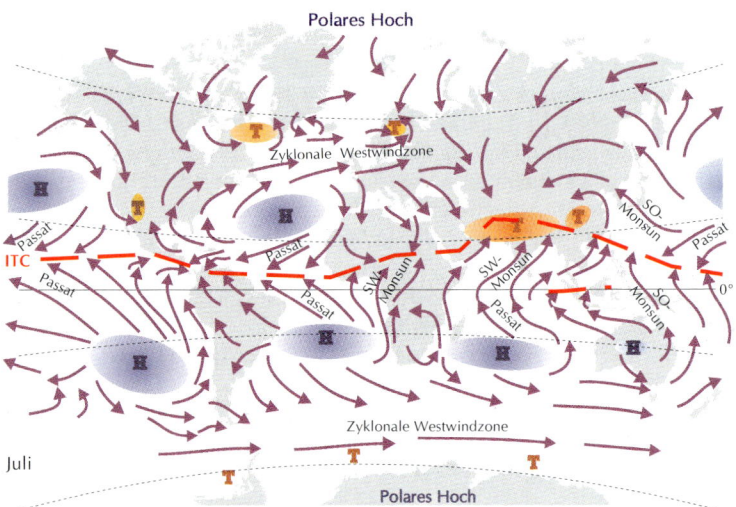

Abb. 4   Lage der ITC-Zone - Luftdruck und Winde in Bodennähe im Januar und im Juli

17 km flog, verloren, weil es auf dem Rückflug vom Luftraum über Zypern nach Kreta wegen eines ungeheuren Gegenwindes von über 300 km/h aus Treibstoffmangel seinen Stützpunkt nicht erreichen konnte und notwassern mußte.

Auch im pazifischen Raum machten sich solche Sturmwinde bemerkbar. Ihretwegen führten Bombardierungen japanischer Ziele durch die Amerikaner zu noch größeren Leiden für die Zivilbevölkerung, aber auch zum Desaster für das amerikanische Militär, denn die Bombardements ließen sich aus 8 bis 10 km Höhe bei Windgeschwindigkeiten von 200 bis 400 km/h unmöglich präzise durchführen, außerdem erreichten viele Flugzeuge ihr Zielgebiet überhaupt nicht, und viele andere warfen ihre Sprengkörper versehentlich statt auf Industrieanlagen auf Wohnhäuser.

Erst langsam entdeckte und begriff man nach und nach die Ursachen dieser kräftigen Höhenwinde und ihren Zusammenhang mit den Windsystemen.

Diese Stürme in der Höhe begann man noch während des 2. Weltkrieges zu erforschen. Erstaunt maß man dabei nicht selten Geschwindigkeiten von 400 km/h, ja sogar von 650 km/h und fand heraus, daß diese Strömungen als Tausende von Kilometern lange und nur wenige hundert Kilometer breite Bänder in Höhen zwischen 10 und 14 km um die Erde jagen.

Letztendlich liegen die Ursachen dieser enorm starken westlichen Höhenstürme und die Gründe für die den alten Seefahrern bereits wohlbekannten Windsysteme freilich in der unterschiedlichen Verteilung der Sonnenenergie auf der Erdoberfläche in Verbindung mit der Erdrotation. Am Ende der hiervon ausgehenden Reihe von Folgewirkungen steht das tägliche Wetter in seinen verschiedensten Ausprägungen.

Wie oben anhand der Wetter- und Winderfahrungen der Segler angedeutet, existieren rund um den Globus ungefähr breitengradparallele **Luftdruckgürtel** mit ihren charakteristischen Wettererscheinungen, welche alle auf bestimmte Luftdruckverhältnisse zurückzuführen sind. Jedermann weiß, daß über der Wüste Sahara hoher Luftdruck herrscht, daß dort kaum jemals Regen fällt und der trockene Wind aus NO bis NW weht, während in der äquatorialen Breitenlage bei niedrigerem Luftdruck der tropische Regenwald ganzjährig nahezu täglich mit Regenfällen aus gewaltigen Wolkengebirgen überschüttet wird.

Die Zonierung durch Luftdruckgürtel läßt sich überall feststellen, sowohl auf der Nord- als auch auf der Südhalbkugel. Freilich sind diese Gürtel in sich nicht homogen. Sie können es nicht sein, denn dafür dürfte die Erde keine sich drehende Kugel sein. Aber auch die Verteilung der Landmassen beeinflußt die Auflösung der Gürtel in Luftdruckzellen, und zwar u. a. deshalb, weil das Land – vor allem im Sommer – von der Sonne wesentlich kräftiger erwärmt wird als das Wasser und daher als

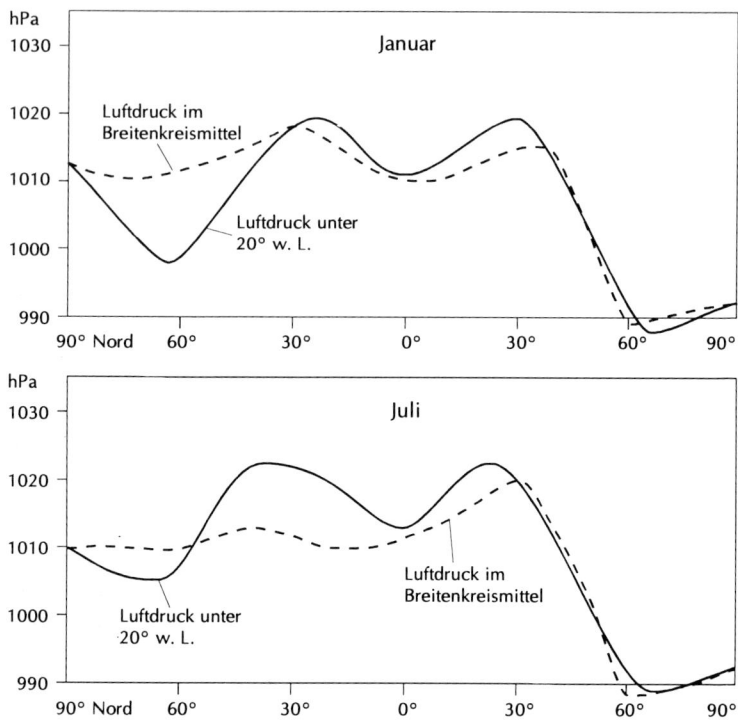

Abb. 5   Luftdruck im Meridianschnitt unter 20° westlicher Länge und im Breitenkreismittel. Die Differenzen erklären sich aus der Landmassenverteilung.

Auf der Südhalbkugel ist der Luftdruck im Durchschnitt erheblich tiefer als auf unserer nördlichen Hemisphäre, und da die erstgenannte Halbkugel überwiegend von Wasser bedeckt ist, das ja temperaturausgleichend wirkt, weist sie nur geringfügige Ungleichheiten der Luftdruckverteilung im Winter und Sommer auf.

Auf der Nordhalbkugel liegt der wesentliche Teil der Landmasse. Daher kommt es wegen der unterschiedlichen Erwärmung von Land und Meer zu größeren Luftdruckänderungen. Im Winter sammelt sich mehr Luft über den kühlen Kontinenten an, denn die Meere sind ja wärmer. Im Sommer dagegen erhöht sich die Luftmenge über den gegenüber den Landmassen nun relativ kühlen Meeren und vermindert sich über den erhitzten Kontinenten. Im Winterhalbjahr erhöht sich der Luftdruck über den Kontinenten also auf Kosten des Drucks über den Meeren, und im Sommer verhält es sich umgekehrt.

starke Heizfläche für die darüber lagernde Luft dient. Deshalb weist der Luftdruck über dem Land häufig einen niedrigeren Druck auf als über dem benachbarten kühleren Meer. Auch hohe Gebirgszüge tragen dazu bei, daß es zu rotierenden Luftdruckzellen kommt (Kap. 1.4.2).

Im Winter kehren sich die Verhältnisse natürlich um, das Land kühlt stark aus, während das Wasser sehr viel Wärme abgeben kann. In Abb. 4 sind die Zellen der Luftdruckgürtel in ihrer Lage ersichtlich – auf die Windrichtungen und die ITC-Zone (Innertropische Konvergenzzone) wird noch eingegangen –, und Abb. 5 zeigt sowohl ein gemitteltes Druckprofil von Pol zu Pol als auch ein Profil entlang des 20sten westlichen Längengrades. Deutlich treten die Auswirkungen des temperaturausgleichenden Meeres zutage, denn auf 20° westlicher Länge gibt es von Pol zu Pol fast nur Wasser, und das wirkt wegen seiner hohen Wärmespeicherkapazität sehr stark nivellierend, so daß die Profilkurve über die Breitengrade hinweg ausgeprägter ist und sich im Jahresverlauf kaum ändert.

Welche Luftdruckgürtel gibt es nun, wie kommen sie zustande und mit welchen Winden sind sie gekoppelt? Die Beantwortung dieser Fragen gibt den Weg zum Verständnis unseres Wetters während des Jahres frei.

Der meridionale Wärmetransport, auf den im vorangegangenen Kapitel schon hingewiesen wurde, findet im wesentlichen in drei Zirkulationszellen statt, welche z. T. miteinander verwoben sind. Am Rande dieser Zirkulationsglieder – im N-S-Profil (Abb. 6) – liegen die in Zellen aufgelösten Luftdruckgürtel. In der Abbildung sind die Rotationszellen mit ihren vertikalen Luftströmungen dargestellt. Die beiden **Hadley-Zellen** sind direkte, thermisch angeregte Zirkulationen um eine waagrechte Achse, während die **Ferrel-Zellen** indirekte, dynamisch angeregte

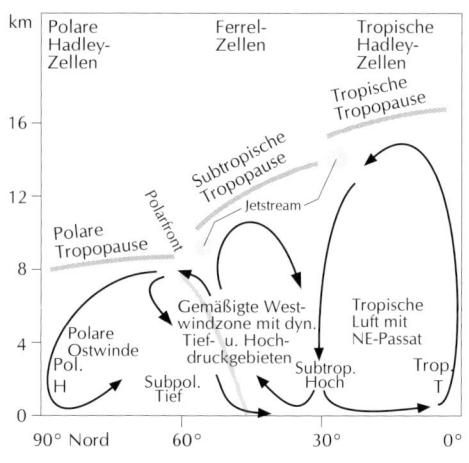

Abb. 6 Schematische Darstellung der meridionalen und vertikalen Luftströmungen auf der winterlichen Nordhalbkugel

Zirkulationen um eine vertikale Achse sind. Da Mitteleuropa im Bereich dieser dynamischen Zellen liegt, wird unser Wetter von ihnen, den Hochs und Tiefs, bestimmt und so wechselhaft gestaltet.

Wie zirkuliert nun die Luft innerhalb der Zirkulations-Zellen?

In den **tropischen Hadley-Zellen** steigt innerhalb der **innertropischen Konvergenzzone (ITC)** – die Lage ist in Abb. 8 ersichtlich –, die Luft auf. Sie steigt deshalb auf, weil sie vor allem von der Heizung Erdoberfläche, die wiederum von der im Zenit stehenden Sonne erhitzt wird, viel Wärmeenergie zugeführt bekommt, sich infolgedessen ausdehnt und somit leichter wird. Während ihres Aufstiegs kühlt sie sich entsprechend der wirksam werdenden Temperaturgradienten (Kap. 2.2 ff.) ab, und da kühlere Luft weniger Wasser speichern kann als wärmere, bilden sich aus dem überschüssigen, ausgeschiedenen Wasser Wolken, aus denen der vielerorts nachmittägliche tropische Starkregen fällt. Die Obergrenze der vertikalen Luftströmung bildet die Tropopause, auch wenn diese bei weitem nicht so undurchlässig ist, wie man früher annahm. Nun fließt die Luft polwärts ab, wobei sie zunehmend nach Osten abgelenkt wird. (Der Grund für die Ablenkung ist in Kap. 1.3.1 beschrieben).

Erst jenseits von ungefähr 15° Breite beginnt die Luft zu sinken. Im Jahresmittel reicht der Einfluß der Zellen bis etwa 35° Breite. In dem Bereich, in dem die Luftmassen zur Erde zurücksinken, befindet sich der subtropische Hochdruckgürtel mit seinen Hochs, wie z. B. das uns vor allem im Sommer häufig beeinflussende Azoren-Hoch. Da sich absteigende Luft erneut erwärmt, kann sie wieder mehr Wasser aufnehmen, so daß die ohnehin schon wenig Feuchtigkeit mit sich führende Luft sehr trocken wird. Die Ausbildung von Trockenzonen mit mehr oder weniger großen Wüsten in diesem Bereich ist somit verständlich.

Ein Teil der Luft jenes Trockengürtels fließt zurück zur ITC, wobei sie diesmal nach Westen abgelenkt und so zum NO-Passat auf der Nordhalbkugel und zum SO-Passat auf der Südhalbkugel wird (Abb. 7). Der andere Teil strömt polwärts und mündet in die Westwindzone.

Die **polaren Hadley-Zellen** sind nicht nur weniger ausgeprägt, sondern auch weniger beständig. Bedingt durch die Ausstrahlung kühlt sich die Luft dort stark ab. Dadurch dicht und schwer geworden, sinkt sie ab und fließt am Boden auseinander, wobei sie wiederum durch Ablenkung eine nordöstliche bzw. auf der Südhemisphäre eine südöstliche Komponente erhält. Zum Ersatz muß in der Höhe Luft aus niedereren Breiten herbeitransportiert werden (Abb. 6).

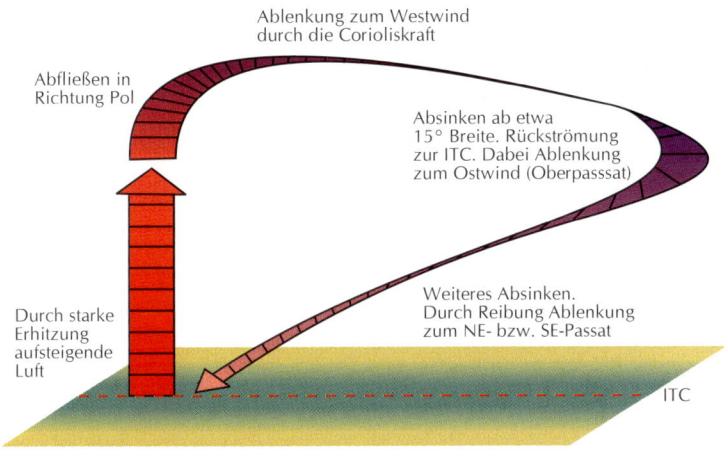

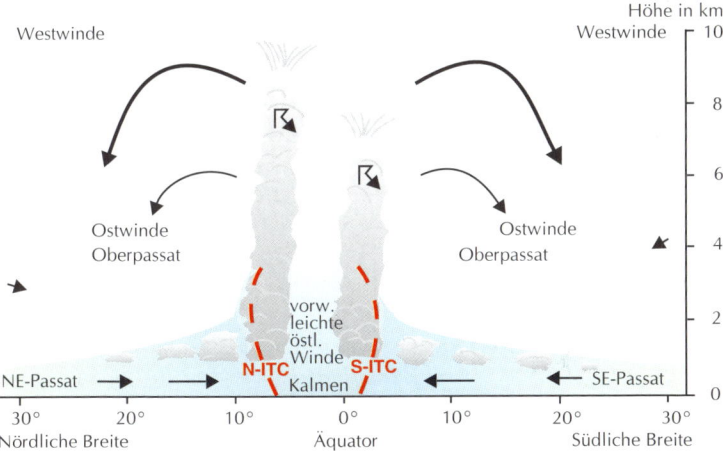

Abb. 7   Schema der innertropischen Zirkulation. Durch die gegenüber den Meeren stärkere Erwärmung des Landes entstehen zwei Zonen, in denen die Luft schnell in große Höhen aufsteigt. Zwischen diesen beiden Konvergenzzonen existiert v. a. über dem Indischen Ozean bzw. über Indien und in Ostafrika ein schmales Gebiet mit Westwinden. Im pazifischen Raum ist wegen der dort gleichmäßigen Erwärmung keine doppelte ITC anzutreffen.

Die zwischen den beiden Hadley-Zirkulations-Systemen angesiedelten **Ferrel-Zellen** sind charakterisiert von Wirbeln mit senkrechter Achse, die zyklonal, d. h. auf der Nordhalbkugel linksdrehend – entgegen dem Uhrzeigersinn – und antizyklonal, also rechtsdrehend, rotieren. Die Zyklone (Tiefs) und Antizyklone (Hochs) wandern innerhalb der Westwinddrift von West nach Ost und bringen uns abwechselnd Sonne und Regen und die Hitzeperioden im Sommer, die oft wieder abrupt von Temperaturstürzen beendet werden.

Auf der Vorderseite der Zyklone werden mit Winden aus Süden warme Luftmassen nach Norden transportiert und im Gegenzug auf der Rückseite kalte nach Süden verfrachtet. Ein Teil der in der subpolaren Tiefdruckrinne aufgestiegenen kalten Luft gelangt in größeren Höhen bis zum subtropischen Hochdruckgürtel und sinkt dann dort ab, von wo wieder ein Teil zur subpolaren Tiefdruckrinne zurückströmt. Die Tiefs unserer Breitenlage sind demnach eigentlich keineswegs als Störungen anzusehen, auch wenn sie den Badeurlaub ein wenig vergällen, sondern sie sind wichtige Bestandteile der großen allgemeinen Zirkulation, weil sie die strahlungsbedingten Temperaturgegensätze zwischen hohen und niederen Breiten kontinuierlich auszugleichen suchen und so die andernfalls höheren Temperaturen im Süden und die niedereren im Norden erträglicher werden lassen. Ohne den Ausgleich wären die Temperaturen außerhalb der mittleren Breiten weit weniger erträglich.

Die Luftdruckgürtel, die aus den Zirkulationszellen hervorgehen, sind in Abb. 6 und 8 ersichtlich. Die äquatoriale Tiefdruckrinne, die ITC, liegt

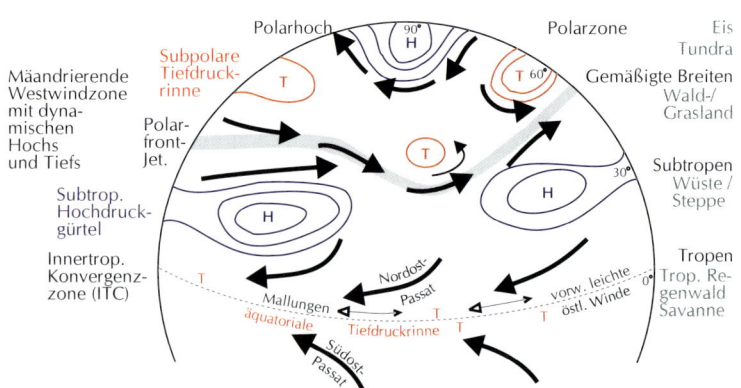

Abb. 8   Stark vereinfachte Darstellung der allgemeine Zirkulation der Atmosphäre.

im wesentlichen im Bereich des thermischen Äquators, und zwar im Nordsommer bei 10 bis 15° nördlicher Breite und bei etwa 5° südlicher Breite im Südsommer (s. Abb. 4). Auf den Festländern wandert sie weit nach Norden bzw. nach Süden. Durch die besonderen geographischen Verhältnisse in Nordindien beult die ITC dort im Nordsommer bis 30° nördlicher Breite in den Himalaya hinein aus (s. Kap. 7.4).

Die subtropischen Hochdruckgürtel reichen etwa von 25° bis 40° nördlicher Breite und von 25° bis 35° südlicher Breite. Die subpolaren Tiefdruckrinnen sind zwischen 50° und 70° im Norden, mit ihren Hauptzentren Islandtief und Aleutentief, und auf derselben Breitenlage auf der Südhemisphäre angesiedelt.

Die in Abb. 4 und 8 dargestellten beständigen bodennahen Winde werden durch diese Druckverhältnisse verursacht und beeinflußt von der durch die Erdrotation hervorgerufenen Corioliskraft, aber auch von der

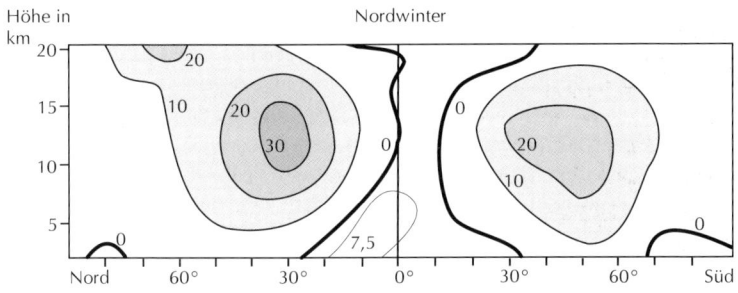

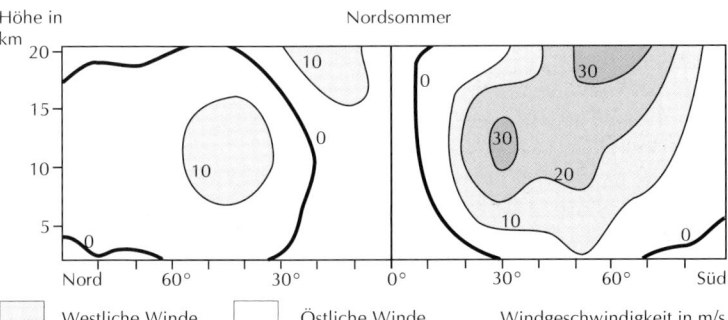

Abb. 9 Die durchschnittliche vertikale Verteilung der zonalen Windbereiche und die in ihnen auftretenden mittleren Windgeschwindigkeiten. In den beiden Windbereichen treten überwiegend östliche bzw. westliche Winde auf.

Verteilung von Land und Meer und der Beschaffenheit der Landoberfläche.

Welche Winde im Laufe des Jahres in der Höhe herrschen, zeigt Abb. 9. Auf der Nordhalbkugel überwiegen im Winter westliche Winde bis weit in die Stratosphäre hinein, während sie im Sommer nur bis in etwa 20 km Höhe auftreten – darüber wehen östliche Winde. Auf der Südhalbkugel findet man die entsprechenden spiegelbildlich umgekehrten Verhältnisse vor.

1.3.1 Die ablenkende Kraft der Erdrotation – die Corioliskraft

Die im vorigen Kapitel erwähnte **Corioliskraft** ist dafür verantwortlich, daß die Luft nicht einfach z. B. vom Azorenhoch zum Islandtief fließen und dieses auffüllen kann. Aus Abb. 4 ist ersichtlich, daß die absteigenden Luftmassen über den Azoren das gleichnamige Luftdruckgebiet rechtsdrehend verlassen. Der Grund leuchtet sofort ein, wenn man bedenkt, daß die Erde eine rotierende Kugel ist.

Jede Bewegung auf der Erde setzt sich aus zwei Komponenten zusammen: der wahrnehmbaren **Relativbewegung** auf der Erdoberfläche, das ist die Bewegung, die man selbst ausführt, indem man läuft, und der nicht spürbaren, aber gleichwohl vorhandenen **Drehbewegung** der Erde, welche man, ohne dazu beizutragen, mitmacht.

Jeder beliebige Ort über dem 40.076 km langen Äquator besitzt durch eben diese Drehbewegung eine Eigengeschwindigkeit von 1.674 km/h. Da die Erde eine Kugel ist, werden die Breitenkreise zu den Polen hin zunehmend kürzer, bis bei 90° nur noch ein Punkt erreicht ist. Demnach nimmt die Drehgeschwindigkeit von Breitenkreis zu Breitenkreis kontinuierlich ab. Ein Ort bei 30° bewegt sich noch mit einer Drehgeschwindigkeit von 1.449 km/h, und bei 60° bewegt man sich mit 887 km/h. Da die Drehbewegung der Erde von West nach Ost gerichtet ist, ist die Luft, die von 30° nördlicher Breite nach Norden strömen will, für die Orte nördlich von ihr zu schnell und eilt diesen infolgedessen voraus. Sie bekommt dadurch eine zunehmende Westwindkomponente. Die nach Süden abfließende Luftmasse ist dagegen zu langsam und ist somit als immer östlicher werdender Wind zu verspüren. Auf der Südhalbkugel wirkt sich die Ablenkung natürlich umgekehrt aus.

Damit wäre zwar das für unsere Belange Wesentliche bereits verdeutlicht, aber die Corioliskraft noch nicht vollständig erklärt.

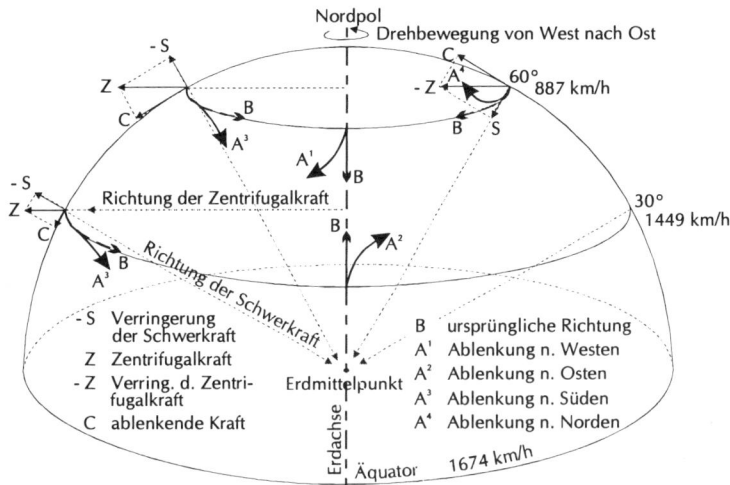

Abb. 10 Die ablenkende Kraft durch die Erdrotation, die Coriolis-Kraft, wirkt auf jede Bewegung auf der Erdoberfläche ein, und zwar senkrecht zum Bewegungsvektor. Auf der Nordhalbkugel werden alle Bewegungen nach rechts, auf der Südhalbkugel nach links abgelenkt.

Bewegt man sich weder nach Norden noch nach Süden, sondern breitenkreisparallel, verändern sich einige Kräfte, denen jede Masse auf der Erdoberfläche unterworfen ist. Verändert man seinen Standort auf einem Breitenkreis nach Osten, so vergrößert man seine Umlaufgeschwindigkeit um die Erdachse und damit auch die senkrecht auf der Achse stehende **Zentrifugalkraft**. Je nach Breitenlage wirkt diese in einem entsprechenden Winkel zur Erdoberfläche. Die **Schwerkraft** hingegen zeigt auf den Erdmittelpunkt. Zeichnet man ein Kräfteparallelogramm – wie in Abb. 10 –, wird eine kleine, auf der Nordhalbkugel nach Süden gerichtete Kraft deutlich. Ein Luftpaket, das sich direkt nach Osten bewegt, wird demzufolge nach Süden abgelenkt.

Bewegt man sich nach Westen, wird die Schwerkraft verstärkt, denn durch die verringerte Drehgeschwindigkeit wird die Zentrifugalkraft geringer. Aus dem Kräfteparallelogramm ergibt sich eine Ablenkung nach Norden.

Zusammenfassend kann festgestellt werden, daß jede Bewegung auf der Erde einer Ablenkung unterliegt, und zwar auf der Nordhalbkugel nach rechts und auf der Südhalbkugel nach links. Somit ist verständlich, weshalb der Passat dort, wo er nicht von Landmassen und spezieller

Druckverteilung beeinflußt wird, generell eine immer größer werdende östliche Komponente erhält und weshalb es zur Ausbildung der Westwindzone kommt.

1.3.2   Die Ursache des Windes – die Luftdruckgradientkraft

Um einen Körper zu einer Bewegung zu veranlassen, bedarf es einer auf ihn einwirkenden Kraft. Bei der Luft ist diese Kraft die **Gradientkraft**. Die Luft eines Luftpaketes bzw. eines gedachten aus der Atmosphäre herausgeschnittenen Würfels übt nach allen Seiten hin einen bestimmten Druck aus. Diesem Druck entspricht, ohne auf weitere Einzelheiten einzugehen, bei ruhiger, ausgeglichener Atmosphäre ein von außen, von der umgebenden Luft, auf dieses Paket gerichteter Gegendruck, so daß es an ein und derselben Stelle verharrt. Wirkt jedoch z. B. auf die uns zugewandte Seite des Würfels ein geringerer Außendruck ein als auf die von uns abgewandte, wird sich der Würfel auf uns zubewegen, von einer Kraft geschoben, die dem Luftdruckgefälle von hinten nach vorne zu uns proportional ist. Das Luftdruckgefälle pro Längeneinheit wird als (Luft-) Druckgradient bezeichnet, die Kraft als (Luft-)Druckgradientkraft.

In den Wetterkarten ist die Gradientkraft durch den Abstand der **Isobaren** (Linien gleichen Luftdrucks) dargestellt. Sie steht senkrecht auf diesen Linien und wirkt vom hohen zum tiefen Luftdruck. Liegen die Isobaren eng beieinander, ist der Luftdruckunterschied auf kurze Distanz beträchtlich, und dementsprechend ist die Gradientkraft groß (siehe dazu Kap. 6.4).

Die aus dem Luftdruckunterschied resultierende Luftbewegung, der Wind, wird **Euler-Wind** genannt. Der Wind ist also eine Luftströmung, welche auf den Ausgleich von Luftdruckunterschieden gerichtet ist. Entsteht durch Aufheizung eines sommerlichen Getreidefeldes ein lokales kleines Tief, in dem die Luft aufsteigt und daher die Luftsäule an Masse über dem Feld verliert, wird durch seitliches Zuströmen von Luft versucht, das Tief aufzufüllen, um den Massen- bzw. Druckverlust wettzumachen. Eine solche Luftbewegung kann niemals über einen längeren Zeitraum andauern, da die Druckunterschiede rasch ausgeglichen sind, sofern sie nicht fortwährend neu hergestellt werden. Im Falle des Getreidefeldes werden sie bei nachlassender Sonneneinstrahlung aufhören.

Grundsätzlich ist jedoch ein solch direkter, also gradliniger rascher Abbau des Luftdruckunterschieds nur in äquatorialen Gebieten relativ großräumig möglich, da sich dort die Corioliskraft nur sehr geringfügig auswirkt. In den außertropischen Gebieten muß der Raum dafür sehr eng begrenzt sein.

1.3.3 Bremse und Beschleunigerin des Windes – die Zentrifugalkraft

Auch die **Zentrifugalkraft** spielt bei der Erscheinung des Windes eine Rolle, denn sie modifiziert die Windgeschwindigkeit, und zwar insofern, als sie den um ein Tief herum wehenden Wind abbremst und den um ein Hoch strömenden Wind beschleunigt.

Die Zentrifugalkraft ist immer vom Krümmungsmittelpunkt einer kreisförmigen Bahn nach außen gerichtet. Sie nimmt mit dem Quadrat der Geschwindigkeit zu und ist umgekehrt proportional dem Abstand vom Krümmungsmittelpunkt. Ihr entgegengesetzt ist die **Zentripetalkraft**, die zum Krümmungsmittelpunkt gerichtet ist. Deren Part übernimmt die vom Hoch zum Tief zielende Gradientkraft. Da jedoch die nach außen gerichtete Zentrifugalkraft bei einem Tief meist viel geringer ist als die auf das Tief zu drängende Gradientkraft, muß den Rest der Arbeit mit dem Ziel, das Tief länger zu erhalten, die Corioliskraft übernehmen.

Der Wind weht letztendlich wegen der Corioliskraft in der Höhe genau isobarenparallel, der hohe Luftdruck liegt auf der Nordhalbkugel, in Windrichtung gesehen, immer rechts.

Bei einem Hoch hingegen ist die **Gradientkraft** nach außen gerichtet. Entsprechend der Ablenkung durch die **Corioliskraft** wird der von ihm ausgehende Wind nach rechts abgeleitet. Die zum Tragen kommende Zentrifugalkraft verstärkt die Gradientkraft, beschleunigt also die Luftströmung, die in der Höhe isobarenparallel um das Hoch im Uhrzeigersinn herumführt.

Verlaufen die Isobaren gradlinig, kann es keine Zentrifugalkraft geben. In diesem Fall entspricht die Gradientkraft genau der Corioliskraft. Beide stehen entgegengesetzt senkrecht auf den Isobaren, mit dem Effekt, daß auch hier der Wind parallel zu den Isobaren weht. In dieser Situation handelt es sich um einen geostrophischen Wind.

Alle drei Fälle rangieren unter dem Oberbegriff **Gradientwind**. Kurz zusammengefaßt lassen sich drei für den Gradientwind verantwortliche Kräfte darstellen:

- Die **Luftdruckgradientkraft** bestimmt die Geschwindigkeit des Windes. Aus dem Abstand der Isobaren zueinander läßt sie sich in Wetterkarten ablesen.
- Die **Zentrifugalkraft** modifiziert die Windgeschwindigkeit. Bei Winden um Hochs tritt sie als Beschleunigerin auf, bei Luftbewegungen um Tiefs als Bremse.
- Die **Corioliskraft** bestimmt entscheidend die Windrichtung. Auf der Nordhalbkugel lenkt sie die Luftbewegung immer nach rechts ab. In der Höhe bewegt sich die Strömung entlang der Isobaren, wobei der hohe Luftdruck rechts liegt.

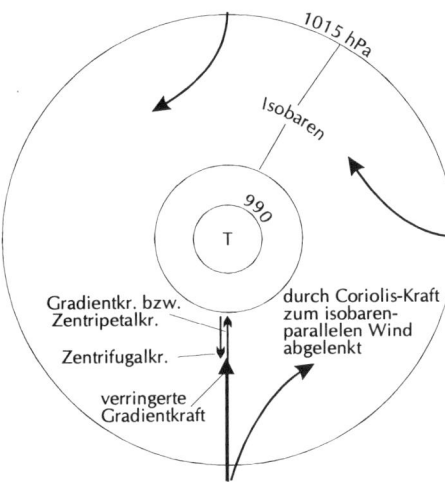

Abb. 11   Der Gradientwind im Falle eines Tiefs. In seiner Stärke wird der Wind bestimmt von der Gradientkraft und der Zentrifugalkraft und in seiner Richtung von der Coriolis-Kraft. Über 500 bis 1.000 m Höhe über dem Boden weht er isobarenparallel, darunter wird er durch die Reibung an der Eroberfläche zum Tief hin mehr oder weniger stark abgelenkt.

Würde der Wind in allen Höhenlagen isobarenparallel um ein Tief herum strömen, könnte dieses nie aufgefüllt werden. Daß der im Vergleich zur Umgebung niedere Luftdruck jedoch, wenn auch nur langsam, ausgeglichen wird, liegt an der Reibung, die der das Tief umströmende Wind in Bodennähe erfährt. Durch sie wird er zum Tief hin abgeleitet, und zwar innerhalb 10 m über Grund in einem recht großen Winkel: über See um 10° bis 20° und über Land, je nach Bodenbeschaffenheit, um 30° bis 50°. In Höhen zwischen 500 bis 1.000 m über der Erdoberfläche ist der Reibungseinfluß völlig verschwunden.

Es muß aber noch erwähnt werden, daß eine Ablenkung von der isobarenparallelen Bahn auch in der Höhe auftritt, nämlich dann, wenn die Isobaren nicht parallel zueinander verlaufen. Streben sie auseinander, wird der Wind nach rechts abgelenkt, zum hohen Luftdruck hin, da die Corioliskraft etwas kräftiger als die Gradientkraft wirkt. Konvergieren die Isobaren, wird der Wind nach links gelenkt, zum Tief hin – die Richtungen gelten für unsere Nordhalbkugel.

1.4   Die Luftbewegungen der gemäßigten Breiten

1.4.1   Die Entstehung der Polarfront

Zwischen etwa 35° und 65° nördlicher Breite erstreckt sich das Aktionsgebiet der **Ferrel-Zellen** bzw. das Gebiet unserer gemäßigten Breiten. Sie sind zwischen den tropisch-subtropischen Luftmassen im Süden und den polaren im Norden gelegen (Abb. 6).

Warme Luftmassen sind, wie jeder weiß, ausgedehnter als kalte, sie nehmen somit einen größeren Raum ein. Die **Isobarenflächen**, die Flächen gleichen Luftdrucks, folgen demnach im Bereich wärmerer Luft in größerer vertikaler Distanz aufeinander als in kalter Luft. Daher weisen sie von der warmen zur kalten Luftmasse ein Gefälle auf. Je größer die Temperaturdifferenz ist, desto größer ist der Luftdruckunterschied. Die Isobarenflächen werden also immer stärker geneigt. Erst oberhalb der Tropopause, in der Stratosphäre, kehren sich die Verhältnisse langsam um, zumindest während des Sommers, wenn die polare Stratosphäre 24 Stunden lang am Tag von der Sonne beschienen wird. Daher herrschen im Sommer über den jeweiligen Halbkugeln in der Höhe östliche Winde vor (Abb. 9).

Die treibende Kraft, welche den Wind in Bewegung setzt und in Bewegung hält, ist der **horizontale Druckgradient**, denn das Gebiet niedrigen Luftdrucks soll ja aufgefüllt werden. Wie schon bekannt ist, verlaufen die Isobarenflächen nicht, wie in Abb. 12 schematisch dargestellt, gleichmäßig zwischen dem Äquator und dem Pol, da es wegen der Corioliskraft und der unterschiedlichen Gestalt der Erdoberfläche zu den Zirkulationssystemen mit unterschiedlich temperierten Luftmassen und den in Zellen zerlegten Luftdruckgürteln kommt (Abb. 6 u. 4). Daher bilden sich mehr oder weniger scharfe Grenzlinien zwischen den wärmeren und kälteren Luftmassen aus.

In dem Grenzraum, in dem die benachbarten, unterschiedlich warmen Luftmassen aneinanderstoßen, sind die Isobarenflächen entsprechend dem

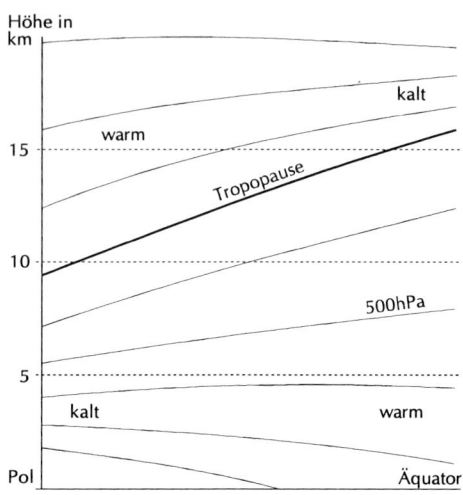

Abb: 12   Schematische Darstellung der Druckverhältnisse in der Atmosphäre. Die Druckunterschiede nehmen im allgemeinen mit der Höhe zu, da warme Luft ausgedehnter als kalte ist. Oberhalb der Tropopause verkehren sich die Verhältnisse zumindest während des Sommers ins Gegenteil. Entsprechend den Druckunterschieden kommt es zu auf Ausgleich bedachten Strömungen, die den beschriebenen Ablenkungskräften unterliegen.

Druckunterschied besonders stark geneigt. Diese Zone wird **Frontalzone** genannt (s. Abb. 13). Von Interesse und Bedeutung für uns bzw. für unser Wetter ist die **Polarfront**.

Allgemein spricht man bei der Berührungslinie der Frontalzone mit der Erdoberfläche von der **Frontlinie**.

Da der Druckunterschied Windströmungen verursacht, ist der Wind dort, wo die Isobarenflächen am stärksten geneigt sind, am stärksten. In der Nähe der Tropopause liegt demnach das Maximum der Windgeschwindigkeiten. Durch die Corioliskraft weht der Wind isobarenparallel, also parallel zur Frontalzone.

Entscheidend für die Entstehung der Polarfront ist, daß die Strömungsverhältnisse zu einer Verschärfung der Temperaturgegensätze führen, daß also durch entsprechende Druckverteilung warme und kalte Luft aufeinander zu gelenkt werden. Solche Bedingungen sind vor allem im Winter gegeben, wenn auf der Nordhalbkugel die Luft über den östlichen Bereichen der Kontinente stark ausgekühlt ist, während über dem relativ warmen Meer sehr viel höher temperierte Luft lagert.

Eine derartige für uns bedeutsame Situation ist aus dem östlichen Nordatlantik gut bekannt (Abb. 14). Der Jahreszeit entsprechend bildet sich über dem östlichen Nordamerika ein umfangreiches Kältehoch. Gleichzeitig liegt ein Tief über den südöstlichen USA, tiefer Luftdruck herrscht über dem vom Golfstrom erwärmten Nordatlantik, und mitten

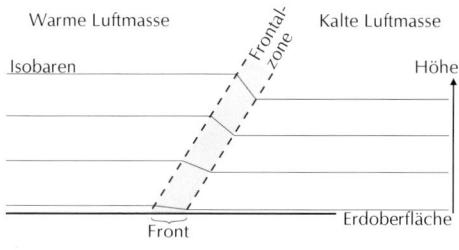

Abb. 13   Isobarenverlauf und Windrichtung im Bereich der Frontalzone.
(Die Neigung der Frontalzone ist übertrieben, sie beträgt normalerweise nur etwa 1:100).

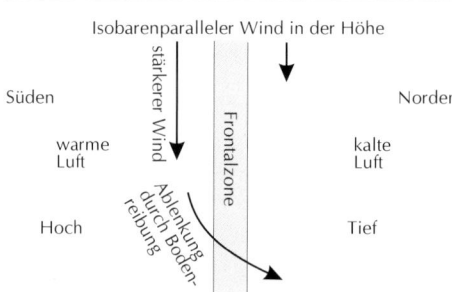

im Atlantik dehnt sich südlich davon das mächtige Azorenhoch aus. Durch diese Luftdruckverteilung wird zwischen Grönland und Kanada ein breiter kalter Polarluftstrom nach Süden gesteuert. Der stößt nun auf die subtropische Meeresluft, die vom Azorenhoch in Richtung Norden geführt wird. Die scharfen Temperaturgegensätze führen zur Bildung einer sehr langgestreckten Front, an der sich Tiefdruckgebiete, girlandenartig hintereinander aufgereiht, von Westen auf Europa zu bewegen. Allgemein wird dieses Frontensystem nach seinem Entstehungsgebiet als atlantische Polarfront bezeichnet.

Die Lage der atlantischen – und auch der pazifischen – Front unterliegt sehr großen Schwankungen. Die Tiefs, die sich an ihr entlang entwickeln, führen auf ihrer Vorderseite, der Ostseite, die subtropische Warmluft weit nach Norden, oft bis ins europäische Nordmeer, und im Gegenzug gelangen auf ihrer Rückseite polare Kaltluftvorstöße bis weit in die Subtropen hinein. Warum sich die Ferrel-Zellen entwickeln und weshalb die Polarfront stark schwankt, darauf wird in den nächsten Kapiteln eingegangen.

Gut ausgebildet ist die Polarfront nur im Winter über den Meeren und dem direkt angrenzenden Land. Über den zentralen Festländern sind die Temperaturgegensätze relativ wenig ausgeprägt oder sie werden nicht in

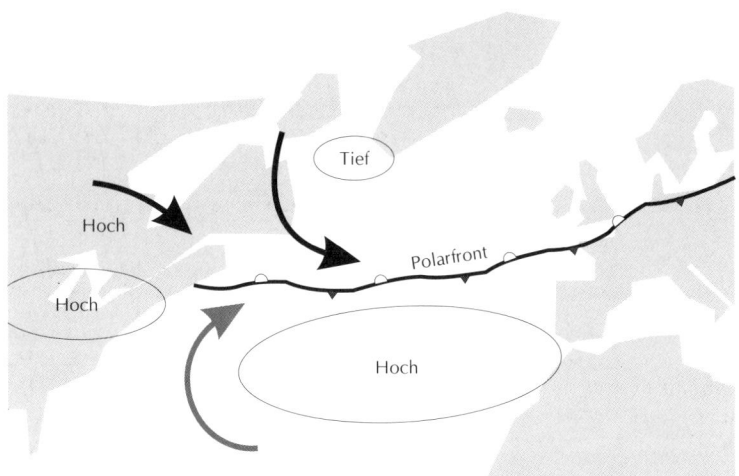

Abb. 14   Polarfront über dem Nordatlantik. Subtropische und polare Luftmassen werden gegeneinander geführt. Vor allem im Winter, wenn die Temperaturgegensätze sehr groß sind, sind die Isobarenflächen stark geneigt. Dementsprechend sind die Windgeschwindigkeiten hoch und können im Extremfall über 650 km/h betragen. Entlang der Front bilden sich Tiefdruckwirbel aus, die aneinandergereiht nach Westen auf Europa zu driften und dort für täglichen Wetterwechsel sorgen.

der zur Frontbildung notwendigen Weise zusammengeführt. Im Sommer ist es auch in den höheren nördlichen Breiten recht warm, daher können die Fronten nur relativ selten und dann sehr viel schwächer auftreten.

1.4.2   Der Strahlstrom und die Westwinddrift

Wie aus dem bisher Dargelegten hervorgeht, kommen die höchsten Windgeschwindigkeiten außerhalb der tropischen Wirbelstürme im Grenzbereich unterschiedlich temperierter Luftmassen vor. Die rasanten Strömungen entlang der Grenzzone zwischen wärmeren und kühleren Luftmassen nennt man **Strahlströme** oder **Jetstreams**. Ein Strahlstrom ist ein bandförmiger Luftstrom, der im Grenzbereich der Troposphäre zur Stratosphäre, eingebettet in langsamere Luftbewegungen, um den Globus fließt, ein oder mehrere Geschwindigkeitsmaxima aufweist und sich häufig in einige Äste aufteilt. Normalerweise ist er einige tausend

Kilometer lang, mehrere hundert Kilometer breit und ein paar Kilometer mächtig. Um als Strahlstrom zu gelten, müssen mindestens 30 m/s gemessen werden können, das sind 108 km/h. Windgeschwindigkeiten ab 118 km/h werden am Boden einem Orkan zugerechnet und entsprechen Windstärke 12. Häufig jedoch kommen in Strahlströmen Geschwindigkeiten von 70 bis 100 m/s vor und manchmal Werte um 170 m/s.

Während die Geschwindigkeitsmaxima langsam stromabwärts wandern, können die einzelnen Luftteilchen auch Vertikalbewegungen unterliegen und unter andere Windregime geraten. Auch ist ein Strahlstrom keineswegs stationär, er unterliegt Beschleunigungen, Verlangsamungen, er spaltet sich auf und mäandriert.

Es gibt mehrere Strahlstromsysteme. Zwei von ihnen seien genannt: der **Polarfrontstrahlstrom** und der **Subtropenstrahlstrom**. Erwähnt werden sollen auch die anderen Jetstreams: der östliche **äquatoriale Jetstream** in der tropischen Zone, der bis max. 15° Breite reicht, und der winterliche östliche **arktische** bzw. **antarktische Strahlstrom**.

Der recht beständige subtropische Strahlstrom befindet sich in der mittleren Höhe von 12 km über den subtropischen Hochdruckgürteln. Er wird angetrieben von den tropischen Hadley-Zellen, in denen die über der ITC aufgestiegene Luft in der Höhe in Richtung auf die Pole abfließt und dabei durch die Corioliskraft zur Westströmung umgelenkt wird (Abb. 7). Da die Luftmassen wärmer, also ausgedehnter sind als die weiter polwärts gelegenen, besteht ein Gefälle der Isobarenflächen, das jene hohen Windgeschwindigkeiten zur Folge hat.

Der Polarstrahlstrom schwingt – auf der Nordhalbkugel – zwischen 40° und 70° nördlicher Breite. Sein Kern liegt im Mittel in 10 km Höhe. Er markiert die Naht zwischen warmer subtropischer und kalter polarer Luft im Norden. Die Maximalgeschwindigkeiten treten, wie erwähnt, direkt unterhalb der Tropopause auf, da sich über dieser Grenzschicht für gewöhnlich die Temperaturverhältnisse in bezug auf ihre Lage ja umkehren (vgl. auch Kap. 1.2).

Diese beiden Strahlströme lassen sich nicht überall trennen. Wegen der Landmassenverteilung etc. scheinen die beiden Jetstreams vor allem über den westlichen Teilen des Atlantiks und des Pazifiks auf der Nordhalbkugel teilweise zusammenzuwirken.

Weshalb kommt es nun überhaupt zu den mächtigen **Westströmungen**, welche Folgen haben sie für uns?

Bei der Rotationsgeschwindigkeit und den orographischen Verhältnissen der Erde kann es keinen einfachen und schnellen Ausgleich der Tempera-

turunterschiede zwischen dem Äquator und dem Pol geben. Auch kann
der durch die Erdumdrehung hervorgerufene isobarenparallele Westwind
mit dem Strahlstrom kein einfaches breites Windband sein, denn so wäre
es nicht möglich, genügend Wärme in die polaren Bereiche zu transportieren – abgesehen vom Drehimpuls. Daher muß allein schon
deswegen der Wärmeenergietransport notwendigerweise in Mäandern und
Wirbeln erfolgen.

Der Wärmetransport von den inneren Tropen in Richtung Pol ist
innerhalb der Hadley-Zelle relativ unkompliziert. Weiter nördlich bzw.
südlich (auf der Südhalbkugel) kommt zwangsläufig die relativ warme
Westwindzone. Ein Teil der Luftmasse fließt im Passat zurück zur ITC,
ein anderer gerät in höhere Breitenlagen. Vor allem auf der Nordhalbkugel, auf die ich mich im folgenden beschränke, sind in größeren
Höhen die Verhältnisse großräumiger als in tieferen Schichten der
Atmosphäre, wo der Einfluß der ungleichmäßigen Verteilung von Land
und Meer, die ungleichmäßige Erwärmung der Erdoberfläche und die
differenzierte Orographie sehr stark modifizierend zum Tragen kommen.

Aber auch großräumig entfalten diese Einflüsse ihre Wirkung. Zur
Auflösung des subtropischen Hochdruckgürtels in Zellen tragen vor allem
die großen Gebirgsketten, wie die Anden und in deren nördlicher
Fortsetzung die Rocky Mountains, ihren erheblichen Anteil bei, indem
sie die Luftströmung, für die sie quergelagerte Gebirgsriegel darstellen,
auf der Leeseite – auf der Nordhalbkugel – nach rechts ablenken. Die
Westströmung biegt also direkt hinter dem Gebirge nach Süden ab, um
dann nach einer Linksdrehung die Schwingung fürs erste nach Norden
fortzuführen. Im weiteren Verlauf erfolgt, in einer Entfernung in der
Größenordnung von etwa 2.000 km, erneut ein Abschwenken nach rechts.
Genauso übt natürlich die Verteilung von warmen und kalten Luftmassen
einen großen Einfluß auf die Schwingungen und den Verlauf der
Westströmung aus.

Da die Westströmung in Wellen verlaufen muß, wird warme Luft in den
„Wellenbergen" nach Norden transportiert und in den „Wellentälern"
kalte nach Süden. Entsprechend der Corioliskraft verläuft die Strömung
innerhalb der „Wellenberge" im Uhrzeigersinn, also antizyklonal. Das
bedeutet, daß innerhalb des „Wellenberges" hoher Luftdruck herrscht,
weil die warme Luft ausgedehnter ist. Im allgemeinen setzen sich die von
einem solchen Hochdruckrücken ausgehenden Wetterverhältnisse bis zum
Boden fort. Die „Wellentäler" werden zyklonal umströmt, sie bilden
Tröge, denn die kalte Luft ist ja dichter. Sie werden zumeist an der
Eroberfläche von zyklonalen Verhältnissen charakterisiert.

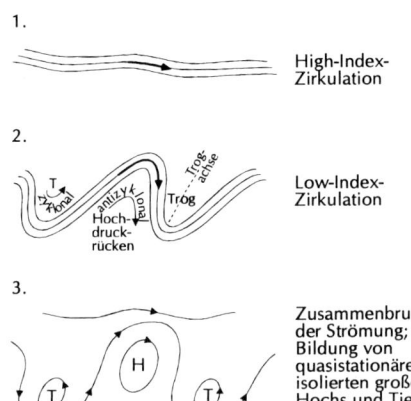

1.

High-Index-
Zirkulation

2.

Low-Index-
Zirkulation

3.

Zusammenbruch
der Strömung;
Bildung von
quasistationären
isolierten großen
Hochs und Tiefs.

Abb. 15 Die westliche Strömung wechselt zwischen den High- und Low-Index-Strömungsformen. Nach dem Zusammenbruch der stark mäandrierenden Strömung baut sich nördlich der nun isolierten quasistationären Zyklone und Antizyklone eine neue flachwellige High-Index-Strömung auf.

Doch ganz so simpel läßt sich die Entstehung von unterschiedlichem Luftdruck nicht erklären, auch wenn es vereinfacht dargestellt werden soll. U. a. durch die Mäanderbildung der **Westwindzone** wechseln die Geschwindigkeiten, in der Höhenwetterkarte sichtbar durch die verringerte Entfernung der Isobaren voneinander. Dort, wo Luft in ein Geschwindigkeitsmaximum einströmt, muß sie sich natürlich beschleunigen und wieder verzögern, wenn sie aus dem Maximum am anderen Ende heraustritt. Das bedeutet, daß bei höher werdender Fließgeschwindigkeit eine Divergenz, eine Verdünnung der Luftmasse hervorgerufen wird und eine Konvergenz bei der Verlangsamung.

Da die Beschleunigung, welche die Luft bei Eintritt in den Jetstream und in dessen Maximum erfährt, wegen des Trägheitsmoments verzögert vonstatten geht, entspricht die Geschwindigkeit nicht der zum niedrigeren Druck gerichteten Gradientkraft. Infolgedessen ist auch die Corioliskraft im Vergleich zur Gradientkraft zu gering, woraus folgt, daß das Gleichgewicht zwischen den beiden Kräften gestört ist und die Gradientkraft eine Ablenkung nach links (auf der Nordhalbkugel) erzwingt.

Dazu kommt, daß dort, wo die Divergenz auftritt, quasi Luft aus der vertikalen Luftsäule herausgepumpt wird, daß sich dadurch das Gewicht der Luftsäule am Boden verringert, der Luftdruck an der Erdoberfläche also fällt. Und wenn dieser Zustand eine Weile anhält, kann das Anlaß zur Entwicklung einer **Zyklone** geben, wie sie im nachfolgenden Kapitel beschrieben wird.

Wenn wir die Mäanderströmung des Strahlstroms in die Betrachtung einbeziehen, wird die Divergenz- und Konvergenzzonenverteilung noch

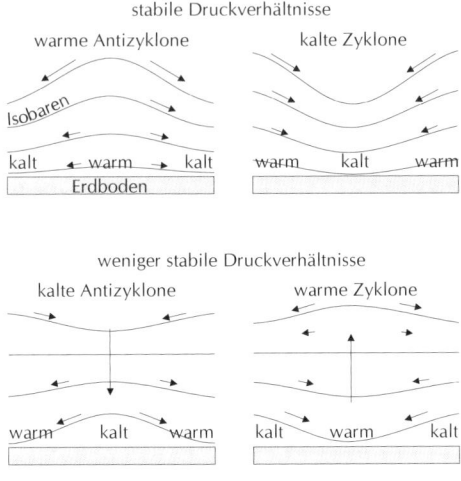

stabile Druckverhältnisse

warme Antizyklone   kalte Zyklone

Isobaren

kalt ←warm→ kalt   warm   kalt   warm
Erdboden

weniger stabile Druckverhältnisse

kalte Antizyklone   warme Zyklone

warm   kalt   warm   kalt   warm   kalt

Abb. 16 Kalte und warme Antizyklone und Zyklone. Eine warme Antizyklone ist stabil. In allen Schichten ist bis in große Höhen der Luftdruck hoch. Die warme Luft zirkuliert um ihren Kern. Analoges gilt für die kalte Zyklone. Beide sind oft quasistationär, relativ langlebig und bewegen sich kaum.

Kalte Antizyklone sind weniger stabil. Hoher Druck herrscht nur in tieferen Schichten, in höheren Lagen findet man andere Druckverhältnisse. Auch hier gilt Analoges für die warme Zyklone.

erheblich komplexer. Beim Zustandekommen der Hochdruckrücken und Tiefdrucktröge spielen diese Zonen eine wesentliche Rolle.

Grundsätzlich greifen die Ursachen und Wirkungen bei der Luftdruckverteilung und dem Aufbau von Druckzellen sehr kompliziert ineinander. So wird das bekannte und für uns wichtige Islandtief durch drei Faktoren erzeugt und am Leben gehalten: von den Zyklonen, die sich längs der Polarfront bilden, wobei das Islandtief ja zum Zustandekommen der Polarfront einen ganz wesentlichen Beitrag leistet, als auch vom Polarfront-Jetstream, den es freilich auch mitverursacht, als auch von der Erwärmung der kalten Luft über dem Meer.

Meist umkreist die Westströmung der mittleren Breiten die Erde in 3 bis 5 Wellen. Wenn sie sehr flach sind, handelt es sich um eine **High-Index-Zirkulation**, wobei hohe Windgeschwindigkeiten erreicht werden, aber nur sehr wenig zum Wärmeaustausch beigetragen wird. Sie können auch bei langsameren Luftbewegungen, aber großem Wärmeaustauscheffekt, stark mäandrieren – **Low-Index-Zirkulation**. Bei sehr ausgeprägten Schwingungen spalten sich zyklonale und antizyklonale Wirbel ab, die Mäanderströmung bricht zusammen, und es bildet sich polwärts davon eine neue schwingungsarme High-Index-Strömung (s. Abb. 15).

Solche abgespaltenen warmen Antizyklone, eingebettet in kühlere Luft, sind dynamisch stabil. Sie bleiben über längere Zeit erhalten und steuern die von Westen heranziehenden Zyklone meist auf eine nördlichere Bahn.

Abgeschnürt in einer wärmeren Umgebungsluftmasse bilden die kalten Zyklone einen Dom kalter Luft. Sie sind ebenfalls stabil, aber mit labiler Schichtung. Infolge der Reibung am Erdboden strömt in das Tief Luft ein, wobei es zu einer allgemeinen Hebung mit entsprechender Wolkenbildung kommt (s. Abb. 16).

Es gibt also, wegen der Mäanderbildung der Weststörmung, in den mittleren Breiten Gebiete mit kalten und warmen Luftmassen als Nachbarn nebeneinander auf demselben Breitenkreis. In diese Weststörmung ist der Strahlstrom in der Höhe eingebettet, mit seinen wechselnden Geschwindigkeiten und seinen Verästelungen, je nachdem, wie die Temperatur- und Druckverhältnisse gerade beschaffen sind. Da der Polarfront-Jetstream zusammen mit der Polarfront auftritt, ist seine Lage von der Jahreszeit abhängig. Im Winter ist er in niedereren Breiten zu finden als im Sommer, und seine stürmischste Ausbildung erfährt er

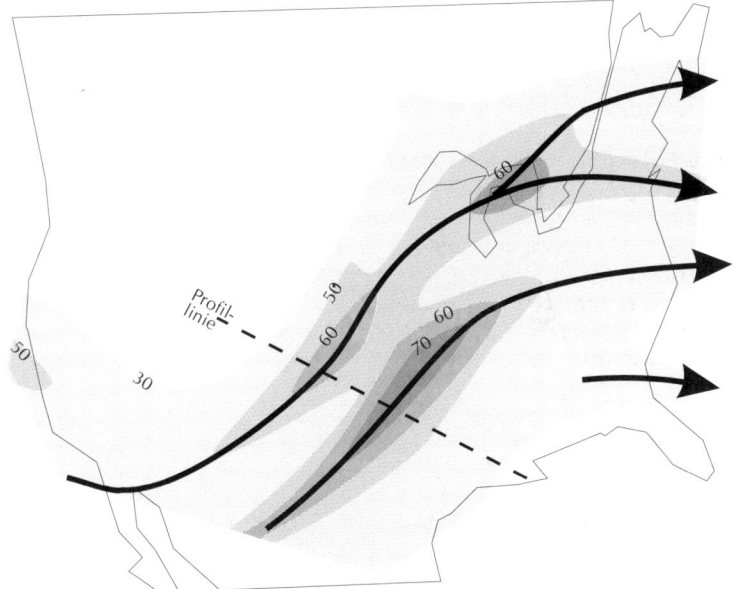

Abb. 17   Die Windverhältnisse am 19. 4. 1963 0 Uhr UTC über den USA. Die Grenzen der grau eingefärbten Flächen entsprechen Isotachen mit den angegebenen Windgeschwindigkeiten in m/s auf der 250 hPa-Fläche. Die gestrichelte Linie gibt die Lage des Profils in Abb. 18 und 19 an. (Nach E. Reiter, Strahlströme. Springer Verlag 1970).

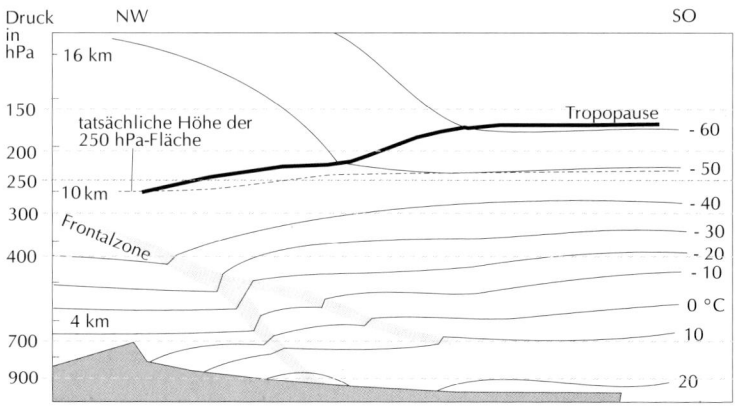

Abb. 18   Isothermen in °C entlang der in Abb.17 eingezeichneten Profillinie. Der Querschnitt ist auf ein Druckkoordinatensystem hin gezeichnet. Die Höhenangaben in km entsprechen nur den Standardbedingungen, nicht den tatsächlichen momentan in der Atmosphäre herrschenden Verhältnissen. In Wirklichkeit lag z. B. die 250 hPa-Fläche im NW auf etwa 10.100 m und im SO auf ungefähr 10.900 m.   (Nach E. Reiter).

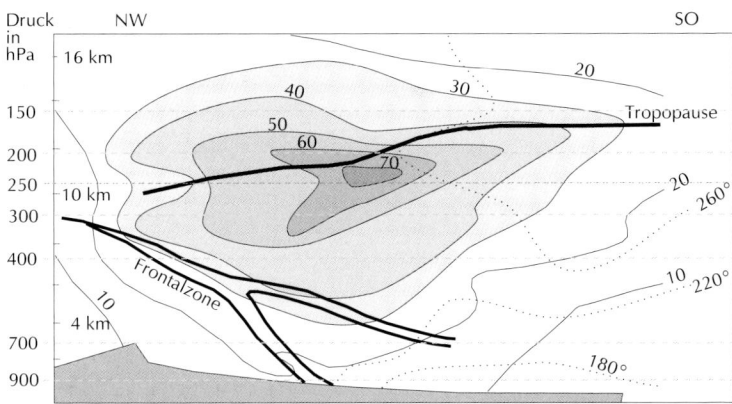

Abb. 19   Die Windgeschwindigkeit in m/s im Bereich der in Abb. 17 eingezeichneten Profillinie. Der Jetstream ist grau eingefärbt. In der Nähe der 250 hPa-Fläche knapp unter der Tropopause und über der Frontalzone treten die höchsten Geschwindigkeiten auf. Die punktierten Linien sind Isogonen - Linien gleicher Windrichtung. (Erklärung zum Aufbau des Profils s. Abb.18).

dort, wo die Temperaturkontraste besonders stark sind, nämlich über dem westlichen Nordatlantik und dem westlichen Pazifik (s. Abb. 14 und Kap. 1.4.1). Seine genaue Lage ist nicht direkt über der Bodenfront, sondern normalerweise nördlich davon, aber freilich noch im Warmluftbereich.

Sichtbar ist der Strahlstrom oft an Wolken, denn er scheint sich schraubenartig zu winden, mit Hebungsvorgängen auf der Warmluftseite und einem Absinken auf der Kaltluftseite. Die üblicherweise zu beobachtenden Wolken – auf der Seite der warmen Luftmasse – sind in hohem Niveau Cirren und Cirrocumuli und in mittleren Höhenlagen Altocumuli in parallelen, senkrecht zur Strömung gerichteten Bändern.

Die Abb. 17 bis 19 stellen die Verhältnisse der Luftströmung über den USA am 19.4.1963 dar. Der Strahlstrom ist gespalten und weist mehrere Geschwindigkeitsmaxima auf. Die Profile sind auf die Druckflächen bezogen. Der Strahlstrom ist dicht unterhalb der Tropopause angesiedelt, dort, wo die Temperaturgegensätze und die Druckunterschiede am größten sind, obgleich die unterschiedlich temperierten Luftmassen nicht direkt aneinandergrenzen, sondern relativ langsam ineinander übergehen.

Der internationale Flugverkehr kann die Strahlströme ausnutzen. So kann der Flug von Amerika nach Europa mit seiner Hilfe energiesparend beschleunigt werden, in umgekehrter Richtung muß jedoch eine andere Flugroute gewählt werden. Im Kern des Jetstreams findet man recht ruhige Flugverhältnisse vor, während man auf der Polseite auf sehr kräftige Turbulenzen zu stoßen kann.

1.4.3 Die Entstehung und Entwicklung von Zyklonen in der Westwindzone

Das unbeständige, sehr wechselhafte Wetter in unseren mittleren Breiten haben wir den wandernden **Zyklonen** und **Antizyklonen** zu verdanken. Die Auffassung, daß die über uns hinwegziehenden Tiefs grundsätzlich schlechtes Wetter bringen, ist in dieser Absolutheit nicht richtig. Es muß keineswegs immer regnerisch sein, wenn ein Tief durchzieht, und gewiß auch nicht immer die Sonne scheinen und trocken sein, wenn das Barometer eine Hochdrucklage anzeigt. Das atmosphärische Geschehen ist sehr kompliziert, es ist sehr viel komplexer, als es hier dargestellt werden kann. Die Forschung hat noch viel Arbeit zu leisten, bis die Vorgänge, die bei der Entwicklung eines Tiefs ablaufen, in allen Einzelheiten befriedigend verstanden werden.

Die uns berührenden Zyklonen entstehen meist in einer **Frontalzone**, und das ist in der Regel die **Polarfront** über dem Nordatlantik. Links und rechts neben der mehr oder weniger breiten Frontalzone grenzen warme und kalte Luftmassen aneinander. Die Neigung der Frontfläche beträgt in etwa 1:100. Die Kaltluft erstreckt sich, wie in den Abb. 13, 18 und 19 zu erkennen ist, keilförmig unter die Warmluft. Bei bestimmten Temperatur- und Windverhältnissen, denen eine bestimmte Neigung der Frontalschicht entspricht, kommt es im Bereich der Frontalzone weder zu **Auf**- noch zu **Abgleitbewegungen** der beiden Luftmassen: Es herrscht ein Gleichgewichtszustand. Ist jedoch die Frontalzone stärker geneigt, herrschen also andere Temperatur- bzw. Windbedingungen, gleitet die Warmluft entlang der Frontalfläche in die Höhe, und die Kaltluft sinkt an ihr entlang ab. Bei schwächerer Neigung verhalten sich die warmen und kalten Luftmassen in ihren Bewegungen umgekehrt. Bei den meisten Frontalzonen, die uns in bezug auf das Wetter auffallen, gleitet die Warmluft in die Höhe, wobei sich Grenzverschiebungen ergeben.

Im Laufe dieser Positionsverschiebungen in der ursprünglich quasi-stationären Front kann entweder die Warmluft bzw. die Warmfront oder die Kaltfront vordringen oder beide gleichzeitig. Auslöser kann der Druckabfall durch die im vorigen Kapitel beschriebenen Divergenzzonen in der Höhe sein. Auch wenn die Veränderungen sehr klein sind, ist das Ergebnis eine leichte Welle im Verlauf der Frontalzone und ein Luft-druckabfall im Gebiet des Geschehens.

Das Anfangsstadium einer Zyklone besteht also aus einer flachen Welle – einer **Wellenstörung**. Auf der östlichen Seite stößt die Warmluft mit einer Komponente vor und in die Höhe, und hinter ihr gewinnt in umgekehrter Richtung die Kaltluft an Boden. Da die **Aufgleitbewegung** in der Regel das Kondensationsniveau überschreitet, bilden sich die für die **Warmfront** charakteristischen Wolken. Entsprechendes gilt für die **Kaltfront** (s. Kap. 3.2.3 f.). Die Wellenstörung wandert der Front entlang in Richtung der allgemeinen Strömung unterhalb des Jetstreams.

Aber aus einer Wellenstörung muß noch keine Zyklone erwachsen. Sie kann unbedeutend bleiben und nur eine sehr kurzzeitige, wenig störende Wetterverschlechterung bringen. Oft aber entwickelt sich eine kleine Wellenstörung weiter. Bereits im Anfangsstadium fällt der Luftdruck im Gebiet des Wellenberges, mit der Folge, daß der Verlauf der Isobaren und damit die Strömung um die Welle beeinflußt wird.

In Abb. 20 ist die Entwicklung einer Zyklone an der Polarfront dar-gestellt. Freilich sind die Luftmassengrenzen innerhalb eines Tiefs nicht immer gut ausgeprägt. Ihre Bemerkbarkeit hängt auch von der Jahreszeit

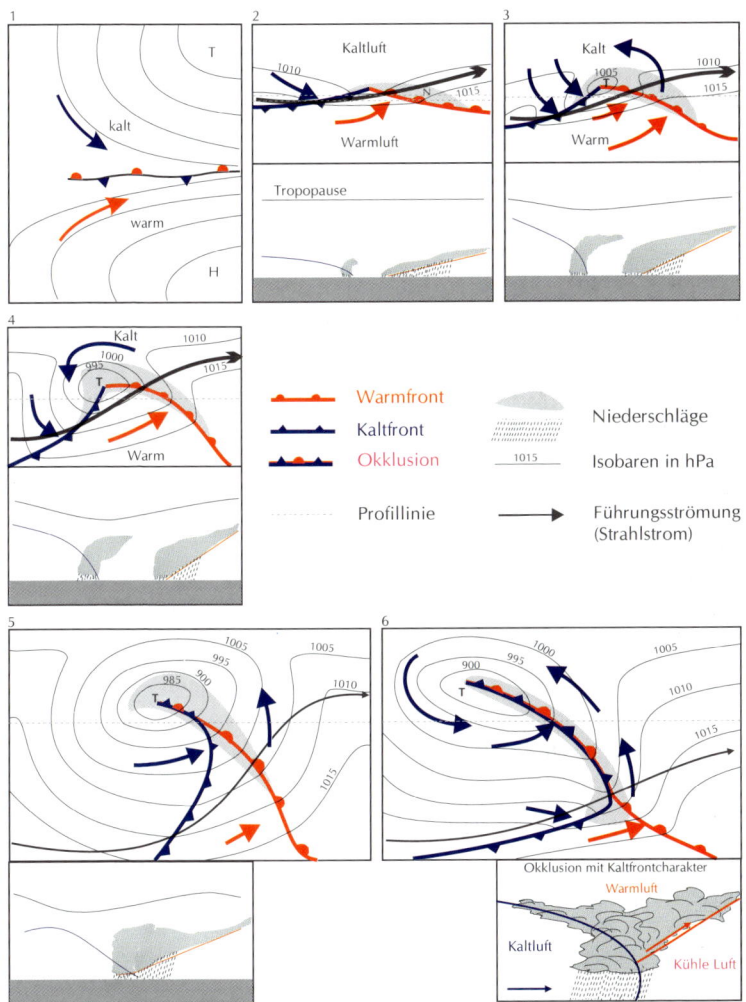

Abb. 20   Die Entwicklungsstadien einer Zyklone. An der Polarfront entwickelt sich eine Wellenstörung, die innerhalb weniger Tage zum umfangreichen Tief heranwächst und sich schließlich im Okklusionsstadium langsam auffüllt. Die Profile geben einen Eindruck über die Lage der Tropopause, der Fronten und der Niederschlagsgebiete. Vor allem in den kühlen und kalten Jahreszeiten driften in der Westwindzone girlandenartig Zyklonenfamilien entlang der Polarfront auf Europa zu.

ab. Im allgemeinen sind Warmfronten im Winter erheblich deutlicher zu spüren als Kaltfronten, und Kaltfronten sind im Sommer wesentlich wirksamer als zur kalten Jahreszeit.

Bei weiterer Vertiefung der Wellenstörung fällt der Luftdruck in den zentralen Teilen, vor allem aber unmittelbar vor der Kaltfront, und es entsteht eine geschlossene zyklonale Zirkulation (vgl. Abb. 20/3). Dabei erweitert sich das Niederschlagsgebiet an der Vorderseite. Die Zugbahn der Zyklone entspricht ungefähr dem Bodenwind im Warmluftsektor, die Zuggeschwindigkeit ist um ein wenig kleiner als die Windgeschwindigkeit in diesem Sektor.

Sobald die Kaltfront durchgezogen ist, steigt normalerweise der Luftdruck wieder an, und zwar meist genauso steil und sprunghaft, wie er bei Annäherung der Front zunehmend rasch fiel (s. Kap. 5.2.5). Bei weiterer Entwicklung der Zyklone erhält sie langsam eine Ausdehnung von etwa 1.000 km. Nun beginnt die zweite Hälfte ihres Lebens. Da die Kaltfront rascher vorankommt als die Warmfront, die sich schließlich nicht nur horizontal, sondern auch noch vertikal bewegen muß, holt die kalte Luftmasse die Warmfront schließlich ein. Dies geschieht zunächst nahe dem Zyklonenzentrum. Dabei entsteht eine **Okklusionsfront**. Oftmals ist in diesem Entwicklungsstadium der niedrigste Luftdruck erreicht. Die vertikale Erstreckung reicht nun vielfach bis in die Stratosphäre, und die Zugrichtung, die bis jetzt von der Höhenströmung bestimmt war, ist von diesem Zeitpunkt an nicht mehr so einfach vorauszusagen, denn die Höhenströmung wird nun von der Zyklone selbst mitbestimmt. Damit nimmt sie auch Einfluß auf die Zugbahn der nachfolgenden jüngeren Zyklonen. Normalerweise nimmt jetzt die Fortbewegungsgeschwindigkeit immer weiter ab, und während der letzten Lebensstadien bleibt das Tief häufig quasistationär liegen.

Die Zyklone besteht während des Okklusionsstadiums in den unteren Schichten der Troposphäre aus Kaltluft, die Warmluft ist in die Höhe gehoben. Nun liegen die Verhältnisse aber nicht so einfach, daß es nach dem Durchzug der Kaltfront grundsätzlich kälter wird, als es vor der Warmfront war, und auch die Bewölkung ist nicht immer gleich. Hinter der Okklusion kann es auch wärmer sein. In diesem Fall, man spricht von einer **Warmfrontokklusion**, gleitet nicht nur die Luft des Warmsektors auf die vor ihr liegende kalte Luftmasse auf, sondern auch die nachfolgende Luft hinter der Kaltfront, so daß im Gebiet der Okklusion drei verschieden temperierte Luftmassen übereinander liegen. Hinter der Okklusionsfront sind die üblichen konvektiven Wolkenformen nicht besonders schön ausgeprägt, denn die Erdoberfläche war ja vor der Warmfront schon sehr ausgekühlt. Ist die Luftmasse hinter der Kaltfront jedoch kälter als die Luft vor Durchzug der Zyklone, handelt es sich um eine **Kaltfrontokklusion**, bei der die beiden vor ihr liegenden Luftmassen in die Höhe gehoben werden, denn die Kaltfront schiebt sich keilförmig unter diese beiden. Hinter ihr klart der Himmel rasch auf, und es entwickeln sich, sehr gut ausgeprägt, die typischen konvektiven Wolken der Rückseite eines Tiefs.

In der Regel ist das Ende eines Tiefs nun allmählich erreicht, es wird aufgefüllt, die Wolken werden dünner, der Wind wird schwächer, und nach kurzer Zeit setzt sich der Hochdruckeinfluß vollends durch. Aber es ist auch möglich, daß eine in ihren letzten Zügen liegende okkludierte Zyklone wiederbelebt wird und rasch zu unheilvoller Stärke heranwächst. Das ist dann der Fall, wenn das Tief von einer kalten oder trockenen Unterlage über ein warmes Meer kommt: Das Meer ist und bleibt ja warm, auch ohne direkte Sonnenbestrahlung, und es liefert der Zyklone reichlich Wasserdampf, der als Energielieferant dient, denn durch die Kondensation des Wassers beim Aufstieg der Luft über dem warmen Meer wird der Luftmasse noch mehr Wärmeenergie zugeführt (s. Kap. 2.2 ff.), mit der Folge, daß die Zyklone sich sehr schnell vertieft, der Wind außerordentlich stark zulegt und sich sogar bis zur Orkanstärke entwickeln kann.

Dasselbe kann geschehen, wenn in die zyklonale Zirkulation eine kältere oder wärmere Luftmasse einbezogen wird, wodurch sich die Temperaturgegensätze wieder verschärfen. Tiefs zwischen Grönland und Norwegen regenerieren sich oft durch die Eingliederung von kalter Arktikluft in ihre Zirkulation. Dasselbe kann immer wieder bei den ehemaligen tropischen Wirbelstürmen beobachtet werden, die, zu normalen Tiefs abgeschwächt, in unsere Breiten gelangen. Unter Einbezug von Polarluft können sie erneut Kraft gewinnen und zu sehr ausgedehnten wütenden Sturmtiefs heranwachsen.

1.4.4 Die Zyklonenbahnen über Europa

Da der Geburtsort der meisten Zyklonen, die Europa berühren, an der Polarfront über dem Nordatlantik liegt, ziehen diese normalerweise in nordöstlicher Richtung über unseren Kontinent hinweg. Dabei folgen sie in aller Regel den **Zugstraßen**, die in Abb. 21 eingezeichnet sind. Im Sommer bewegen sie sich im allgemeinen auf nördlicheren Bahnen als im Winter, denn entsprechend dem Sonnenstand sind die Luftdruckgürtel in höhere Breiten verschoben. Wandern sie auf einer weit nordwestlich oder nördlich führenden Bahn nach Skandinavien, bringen sie warme südliche Luft, manchmal sogar reine Tropikluft, bis in den hohen Norden. Benutzen

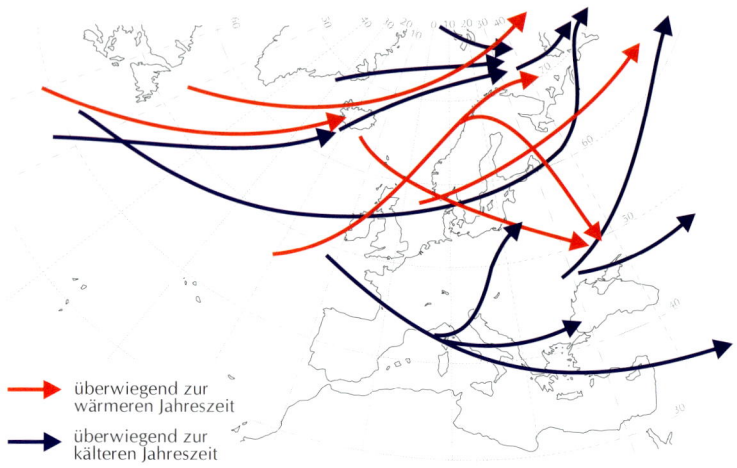

überwiegend zur
wärmeren Jahreszeit

überwiegend zur
kälteren Jahreszeit

Abb. 21   Häufige Zugbahnen von Zyklonen über Europa

die Tiefs auf ihrem Weg nach Osteuropa eine Bahn über Skandinaviens Süden und über die Ostsee, bekommen die Nordländer kalte Luft aus den polaren Breiten zugeführt und die Mitteleuropäer warme südliche.

Ziehen im Winter Tiefs über Rußland in südliche Richtung, wird es in Nord- und Mitteleuropa für einige Zeit wegen der kontinentalen Arktikluft, die vom ausgekühlten nördlichen Rußland in einer östlichen Strömung zu uns vorstößt, sehr kalt. Im Sommer hingegen kann sich der Boden des vom Meer weit entfernten zentralen Rußlands sehr stark aufheizen, so daß wir bei Ostwindlage (s. Kap. 6.1) heiße trockene Luftmassen erhalten (s. Abb. 22). Wenn das westliche Europa erheblich kühler ist als die russischen westasiatischen Gebiete, was im Spätfrühling und im Sommer oft der Fall ist, bildet sich zwischen den beiden Luftmassen eine **Frontalzone in Nord-Süd-Erstreckung** aus, an der sich wie an der Polarfront eine Zyklonentätigkeit entfaltet.

Für unser Wetter bedeutsam sind auch Zyklone, die sich im Golf von Genua bilden oder regenerieren. Sie kommen meist von Nordwesten oder sie entstehen hinter einer kalten, das Rhonetal bis in den Löwengolf als Leitbahn benutzenden Luftmasse. Im letztgenannten Fall bildet sich durch komplizierte Einflußnahme der Alpen auf die Luftströmung und durch das warme Meer die Genua-Zyklone, welche über dem nördlichen Tyrrhenischen Meer und auf ihrem weiteren Weg über die Adria viel Wasserdampf aufnehmen kann. Die vielfach unmittelbar folgenden heftigen

Niederschläge führten während der letzten Jahre zu immer verheerender und häufiger werdende Überschwemmungen, insbesondere im Ostalpenraum. Diese Tiefs bescheren auch sehr oft dem gesamten süddeutschen Raum langanhaltende Regenfälle bei relativ warmer Luft.

Die einzelnen Wetterlagen, die unser tägliches Wetter prägen, werden in Kap. 6.1 näher besprochen.

1.4.5 Luftmassen, die unser Wetter bestimmen

Durch die große Zahl der **Zyklonenbahnen** wird schon deutlich, weshalb unser Wetter in Mitteleuropa so stark unterschiedlich gestaltet wird, sowohl im Sommer als auch im Winter. Vor allem während der Übergangsjahreszeiten kommen sehr oft große, von vielen Menschen schlecht zu verkraftende Temperatursprünge innerhalb äußerst kurzer Zeit vor. Je nachdem, welche Bahn die Tiefs einschlagen, führen sie mehr oder weniger viel von mehr oder weniger warmer und kalter Luft zu uns. Nach ihrem Durchzug kann sich hoher Luftdruck aufbauen, meist aus westlicher, aber auch aus östlicher Richtung, oder nur ein kleines kurzes Zwischenhoch, das von einem neuen Tief schnell wieder abgelöst wird. Die Luftmassen können also aus allen Himmelsrichtungen zu uns kommen.

Ursprünglich unterschied man nur zwei Luftmassen: die **Polarluft** und die **Tropikluft**, getrennt durch die Polarfront. Die Klassifizierung der Luftmassen wurde mittlerweile mehrfach modifiziert. Für Europa sind zwei Gruppen von Luftmassen wirksam. Sie sind polarer bzw. subtropischer Herkunft. Jede Gruppe unterteilt man in drei Varianten, bei denen wiederum beachtet werden muß, ob der kontinentale oder maritime Charakter überwiegt. Wenn sie einen weiten Weg hinter sich haben, kommen sie bei uns natürlich mit zwischenzeitlich veränderten Eigenschaften an. Dies gilt insbesondere für Luftmassen, die übers Meer gezogen sind.

Polarluftvorstöße dringen sowohl über dem Atlantik als auch über dem Festland häufig weit in die ansonsten wärmeren südlichen Gefilde vor. Immer wieder sieht man in den Medien ungewohnte winterliche Bilder von verschneiten Palmen und Olivenbäumen im Mittelmeerraum, wodurch der Landwirtschaft hohe Schäden entstehen, sofern die Kälte zu lange andauert.

Aber allzu kalt – nach mitteleuropäischen Begriffen – ist die Luft dann nicht, wenn sie sich als grönländische Polarluft, auf ihrem langen Weg

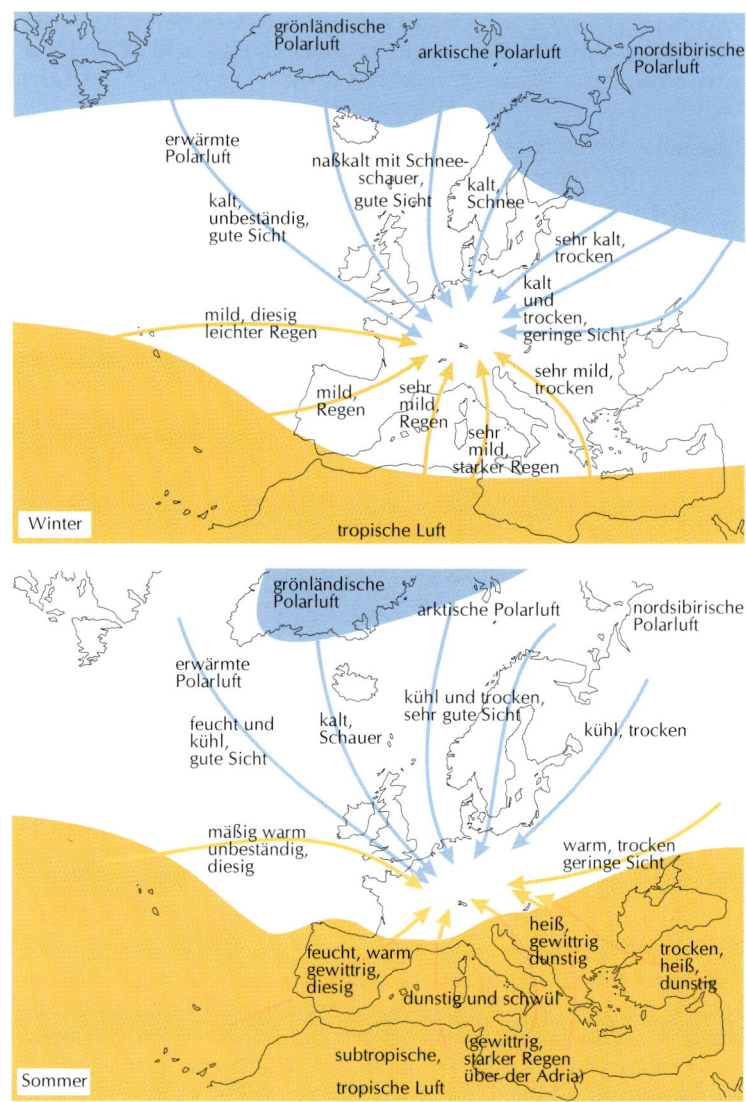

Abb. 22 Typische Luftmassen, die Mitteleuropa beeinflussen. Eingezeichnet sind Herkunft, Transportwege und das Wetter, das sie dem mittleren Europa und seinen angrenzenden Meeren bringen.

übers Meer von Westen herankommend, bereits erwärmt hat. Dies kommt in Mitteleuropa sehr häufig vor und bringt große Unbeständigkeit. Bricht grönländische Polarluft von einem Herkunftsort, der weiter östlich, also uns näher liegt, über Mitteleuropa herein, was auch häufig auf der Rückseite eines Tiefs geschieht, haben wir in der Regel sehr unangenehmes Wetter, feucht und kalt mit böigem Wind. Im Sommer herrscht dann kühles Schauerwetter, im Winter in den Niederungen Tauwetter, und in den Staulagen der Mittelgebirge und der Alpen gibt es ergiebige Schneefälle.

Strömt die **arktische Polarluft** über das Nordmeer und über die Nordsee nach Mitteleuropa, hat sie viel weniger Zeit, sich zu erwärmen als die auf einem westlicher gelegenen Weg einfließende Luft. Infolgedessen ist sie kälter und bringt kräftige Regen-, Schnee- oder Graupelschauer, je nach Jahreszeit, und dazwischen hat man klare Sicht.

Extreme Kälteperioden werden verursacht von **nordsibirischer Polarluft**, entstanden durch das winterliche kontinentale Kältehoch über dem ausgekühlten Sibirien. Glücklicherweise, jedenfalls für viele Mitmenschen, kommen die mit eiskalten kräftigen Nordostwinden verbundenen frostklirrenden Eistage nicht allzu oft vor. Ähnlich kalt kann es werden, wenn **russische Polarluft** aus den winterkalten meerfernen Weiten Rußlands aus Osten zu uns vorstoßen. Beide Luftmassen sind sehr trocken. Die letztgenannte Luftmasse bringt uns bisweilen im Frühjahr über Tage hinweg wolkenlosen Himmel mit schon starker Sonneneinstrahlung, läßt uns aber wegen des reichlich kalten Ostwindes frösteln.

Fast genauso häufig wie die weit von Westen herbeiströmende Polarluft sind die **Warmluftmassen**, die ihren Ursprung im subtropischen Meeresbereich weit draußen im Atlantik haben. Sie erreichen uns als feuchte Meeresluft in einer west- bis nordwestlichen Strömung. Sie sind wesentlich verantwortlich für milde Winter und kühle Sommer.

Kommt Warmluft aus dem Gebiet der Azoren mit südwestlichen Winden, wechseln oftmals viel Regen, Schwüle, föhnige Aufheiterungen in Süddeutschland und Gewitter einander ab. Erhalten wir, was relativ selten geschieht, Luft von Südrußland, der Ukraine und Kleinasien, wird es trocken und sehr warm. Und vor allem im Frühjahr dringt immer wieder afrikanische Luft nach Mitteleuropa vor (vgl. Kap. 6.1 und 7.1.5). Sie bringt Sahara-Staub mit, der, von meist heftigem Regen ausgewaschen, denn über dem warmen Mittelmeer wurde zuvor viel Feuchtigkeit aufgenommen, sich als rötlich-gelbe Schicht auf alles legt (Blutregen). Die mit dieser Luft einhergehende Schwüle ist für viele Menschen unerträglich und stark belastend.

Zusammenfassend ergeben sich einige Wetterregeln für die Luftmassen und die Wettergestaltung:

- **Polare Luft** bringt bei böigem Wind gute bis sehr gute Sicht mit sich. Unter dunkelblauem Himmel segeln Cumuli.
- **Tropische** bzw. **subtropische Luft** ermöglicht nur mittlere bis schlechte Sichtverhältnisse. Der Wind weht beständig, der Himmel erscheint allenfalls hellblau, ansonsten eher weißlich, denn er ist von Schichtwolken teilweise verhangen, oder es ist neblig.

Allein aus den Sichtverhältnissen lassen sich zwei einfache Wetterregeln ableiten:

- Wird bei einer anhaltenden Hochdrucklage, zu der diesige Luft gehört, die Sicht deutlich besser, steht für den nächsten Tag eine Wetterverschlechterung bevor.
- Wird die Sicht in kurzer Zeit sehr viel besser, kommt es rasch zu einem Wettersturz.

Maritime Luftmassen haben natürlich viel Feuchtigkeit aufgenommen, daher bringen sie meist Wolken mit – typische Bewölkung: Stratocumuli (Sc). Kontinentale Luftmassen besitzen zwar nur eine geringe Luftfeuchtigkeit, in ihnen ist es deswegen gering bewölkt bis wolkenlos, aber die Sicht ist trotzdem schlecht, da sie sehr stark mit Staub und Abgasen belastet sind.

Die Herkunft der Luftmassen und das zu erwartende Wetter lassen sich meist leicht mit recht großer Sicherheit erkennen und vorhersagen:

- Starkes Sternenfunkeln bedeutet Zustrom von polaren Luftmassen; es wird kalt werden.
- Ein milchiger Hof und Haloerscheinungen (s. Kap. 3.2.3) um Mond und Sonne zeigen einen Warmlufteinbruch an, der Regen nach sich zieht.
- Farbenprächtiges Abendrot bringt nur dann schönes Wetter für den nächsten Tag, wenn der Himmel wolkenlos ist und die Sonne wirklich rot untergeht. Bei Bewölkung und/oder gelblichen oder gräulichen Verfärbungen der Sonne ist mit einer Wetterverschlechterung zu rechnen.
- Weißlicher bis gelblicher Sonnenuntergang bedeutet Regenwetter am nächsten Tag. Die Luft ist mit Feuchtigkeit und Staub angereichert.
- Relativ lang anhaltendes Morgenrot zeigt feuchte Luftmassen an und läßt Regenwetter erwarten.

– Weißer Sonnenaufgang oder rasch weißer werdende Sonne verheißt schönes Wetter. Das gibt es im Mittelmeerraum auch dann, wenn düstere, tiefliegende Wolken am Morgen den Himmel verhängen.

2 Die Schichtung der Atmosphäre

2.1 Die Luftdruckabnahme mit der Höhe

Der **Luftdruck** ist definiert als das Gewicht einer Luftsäule auf einer Einheitsfläche. Daher muß der Druck in der Höhe geringer sein als am Boden. Das ist natürlich eine banale Erkenntnis und für jedermann selbstverständlich. Doch nimmt der Luftdruck, da es sich hierbei um ein Gas handelt, auf andere Weise ab als der Druck in einer Wassersäule. Wasser ist inkompressibel, d. h., seine Dichte bleibt in allen Höhenlagen gleich, auch wenn ein noch so großer Druck auf dem gedachten Wasserwürfel lastet. Luft hingegen ist kompressibel. Ihre Dichte nimmt zu, je mehr Druck auf ihr lastet. Eine bestimmte Luftmenge benötigt am Boden also den kleinsten Raum innerhalb der gesamten Luftsäule.

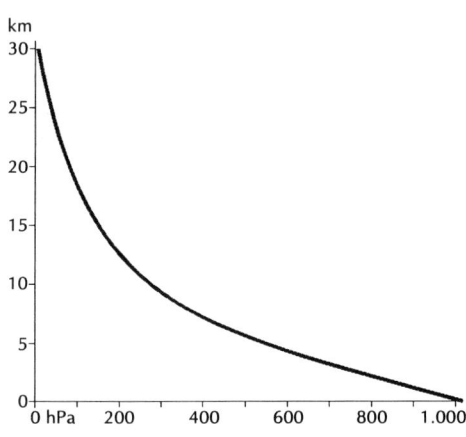

Abb. 23 Die Luftdruckabnahme mit der Höhe innerhalb der Normatmosphäre. (Die Normatmosphäre umfaßt die Mittelwerte für Temperatur, Luftdruck und Luftdichte in den mittleren Breiten sowie die durchschnittliche Zusammensetzung der Luft etc.)

Geht man von einer konstanten Temperatur aus, was in der Natur freilich nicht der Fall ist, so nimmt der Luftdruck mit der Höhe genau logarithmisch ab. Temperaturunterschiede verändern die Kurve der Druckabnahme dahingehend, daß der Druck bei tiefen Temperaturen wegen der großen Dichte rascher abnimmt als bei höheren Temperaturen. Abb. 23 zeigt die Druckabnahme innerhalb der für praktische Zwecke festgelegten **Normatmosphäre**, in der vom mittleren Luftdruck (1013,25 hPa auf Meereshöhe NN), einer Temperatur von 15 °C in Meeresniveau, der Temperaturabnahme in der Troposphäre von 0.65 °C pro 100 m, einer

Tropopausenhöhe von 11 km bei -65,5 °C, also von mittleren Verhältnissen in den mittleren Breiten ausgegangen wird.

2.2 Die Temperaturänderungen mit zunehmender Höhe

Durch langjährige Messungen der Lufttemperatur weiß man sehr genau,
in welchem Umfang sich die Temperatur mit zunehmender Höhe ändert.
Die Frage ist nun, wie und warum sie abnimmt, andererseits aber auch
wieder zunimmt.

Eine bestimmte Wärmeenergie, so fand man durch Experimente heraus,
entspricht einer bestimmten Menge mechanischer Arbeit. Energie kann,
so lautet das Energieprinzip, in verschiedene Formen übergehen, und
wenn dies in einem geschlossenen System geschieht, ist die Ener-
giesumme immer konstant.

Ein Gas, das sich ausdehnt, also einen größeren Raum besetzt, verrichtet
mechanische Arbeit, indem es das umgebende Gas verdrängt, zur Seite
schiebt. Dazu wird ein der zu leistenden Arbeit entsprechendes Quantum
an Wärmeenergie umgesetzt – das Gas wird infolgedessen kühler. Wird
im umgekehrten Fall das Gas komprimiert, so wird ihm Arbeitsenergie
zugeführt, und die erscheint im Gas als Wärmeenergie.

Der Zustand eines Gases wird von dem Druck (p), dem spezifischen
Volumen (v) und der Temperatur (T) bestimmt. Sein Zustand kann
verändert werden, etwa indem ihm Wärme zugeführt oder auch entzogen
wird. Es kann expandieren, also Arbeit verrichten und dadurch kühler
werden oder auch Arbeit durch Kompression passiv erhalten. Es gibt eine
unendliche Menge an Möglichkeiten bzw. Kombinationen, um eine
Zustandsänderung herbeizuführen, wobei allerdings zwei der drei
Variablen – p, v und T – unabhängig sind und die dritte, gleichgültig
welche das ist, durch die beiden anderen bestimmt wird.

Steht das Gas nicht im Wärmeaustausch mit der Umgebung, bildet es also
ein von der Umgebung isoliertes, abgeschlossenes System, spricht man
in bezug auf die Zustandsänderungen, die es während seines Auf- oder
Abstieges durchmacht, von **adiabatischen Zustandsänderungen**. Diese
Zustandsänderungen sind indes in der Natur nicht vollkommen reversibel,
die rückwärts ablaufenden Prozesse führen nur mehr oder weniger nah
zum Ausgangszustand zurück.

Wie nimmt nun die Temperatur mit der Höhe ab?

Hier muß man unterscheiden, ob es sich um ein aufsteigendes Luftpaket handelt oder um die Temperatur der verschiedenen Luftschichten, die unterschiedlich temperiert sind. Es können **Temperaturinversionen**, d. h. Temperaturumkehrungen, vorkommen, so daß eine höhere Schicht wärmer ist als die unter ihr liegende, oder Schichten, in denen sich die Luft langsamer abkühlt als in tiefer oder höher gelegenen.

Angegeben wird die Abnahme in °C (bzw. °K) auf 100 Höhenmeter, dies wird als **Temperaturgradient** bezeichnet. Er beträgt im Mittel in der Troposphäre 0,65 °C. Der Grund für diese relativ geringe Temperaturabnahme liegt darin, daß die Luft vom Erdboden her erwärmt wird und die Wärme durch vertikale und horizontale Umwälzungen in der Troposphäre mehr oder weniger gut verteilt wird. Doch ist das nur eine durchschnittliche Größe, die man bei Berechnungen nicht verwenden kann, denn es ist ja möglich, daß die Lufttemperatur schneller oder langsamer mit zunehmender Höhe abnimmt.

Steigt ein Luftpaket in die Höhe, kommt es in ihm ebenfalls zu Temperaturänderungen, die nur sehr gering ausfallen können oder aber mit rund 1 °C pro 100 Höhenmetern sehr groß – es kommt darauf an, ob die Luft trocken oder feucht ist. Daher muß man zwischen der **trockenadiabatischen** und der **feuchtadiabatischen Temperaturabnahme** unterscheiden.

2.2.1 Der trockenadiabatische Temperaturgradient – trockenstabile und trockenlabile Schichtung

Die Atmosphäre ist ein Gemisch von Gasen, die mit Ausnahme des Wasserdampfes in einem praktisch unveränderlichen Verhältnis zueinander stehen. Insgesamt enthält die Atmosphäre nur etwa 13.000 km^3 Wasser, das sind lediglich 0,001 % der gesamten Wassermenge der Erde. Der Wasserdampfgehalt beträgt bloße 4 Vol.-%, also bedeutend weniger als etwa der Sauerstoffanteil ausmacht, und er ist sehr starken örtlichen und zeitlichen Schwankungen unterworfen. Je nach der Temperatur kann die Luft eine bestimmte maximale Menge Wasserdampf beinhalten; in Abb. 24 ist die Wasseraufnahmekapazität ersichtlich.

Die Gase der trockenen Luft üben wie der Wasserdampf einen **Partialdruck** aus. Zusammengenommen ergibt sich der Luftdruck. Den Partialdruck, der vom Wasserdampf ausgeht, nennt man **Dampfdruck**. Dieser hängt von der Wasserdampfzufuhr von der Erdoberfläche ab.

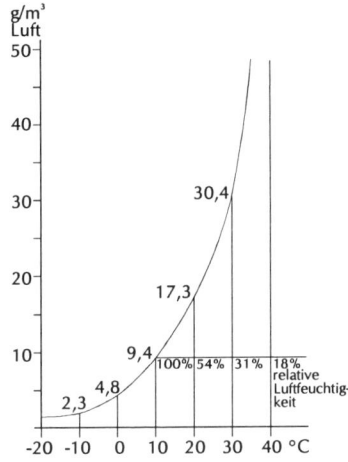

Abb. 24   Maximaler Wasserdampfgehalt der Luft bei verschiedenen Temperaturen. Wenn bei 10 °C die Luft mit 9,4 g/m³ Wasserdampf gesättigt ist, beträgt die relative Luftfeuchtigkeit bei weiterer Erwärmung, z. B. bis auf 30 °C, nur noch 31%.

Behaglich fühlt man sich - grob dargestellt - bei sitzender Tätigkeit zwischen etwa 19 - 25 °C und 35 - 65% Luftfeuchtigkeit, bei körperlicher Arbeit zwischen 17 und 22 °C und 25 bis 55% Luftfeuchtigkeit. Dabei gilt: Je höher die Luftfeuchte ist, desto niedriger muß die Temperatur sein. Als schwül empfindet man im allgemeinen bei 35 °C eine Luftfeuchte von 30%, bei 18 °C einen Feuchtigkeitsgehalt von 90%.

Durch Wärmebewegungen werden Wassermoleküle, etwa eines Sees oder von einer feuchten Oberfläche, freigemacht, und umgekehrt fangen Wasseroberflächen oder beliebige Objekte Wassermoleküle aus der Luft ein. Es gibt also einen Strom von der Wasseroberfläche bzw. dem feuchten Objekt in die Luft und einen Gegenstrom aus der Luft zur Wasseroberfläche oder einem Gegenstand. Wenn nun beide Ströme gleich groß sind, ist der **Sättigungsdruck** erreicht, die Luft kann kein zusätzliches Wasser aufnehmen.

Steigt ein Luftpaket auf, kühlt es sich ab, und da kühle Luft weniger Wasserdampf beinhalten kann als wärmere, ist irgendwann der Sättigungsdruck und damit der **Taupunkt** erreicht, d. h. 100% der maximal möglichen Luftfeuchte. Unterhalb dieses maximalen Dampfdrucks kühlt sich die Luft nach dem trockenadiabatischen Temperaturgradienten ab, und der beträgt 0,98 °C. Ohne größeren Fehler kann man mit 1 °C Temperaturabnahme pro 100 m Höhe rechnen. Dementsprechend nimmt bei einem absinkenden Luftpaket die Temperatur um 1 °C pro 100 m zu. Es sei betont, daß dies nur auf trockene Luft zutrifft, die sich als Paket vertikal bewegt.

Dieses Luftpaket befindet sich jedoch nicht in einem luftleeren Raum, es ist freilich von anderer Luft umgeben. In dieser nimmt die Temperatur größtenteils ebenfalls mit der Höhe ab, aber durchaus nicht immer im selben Maße wie diejenige des aufsteigenden Luftpaketes, denn die Luft weist Schichten unterschiedlicher Temperatur auf. Man kann also zwei

Kurven in bezug auf die Temperaturentwicklung bei zunehmender Höhe zeichnen: die Temperaturzu- oder Temperaturabnahme in der freien Atmosphäre – **Schichtungskurve** – und die Abnahme der Temperatur des aufsteigenden Luftpaketes – **Hebungskurve**.

Ist die Temperaturabnahme in der Atmosphäre geringer als die des aufsteigenden Luftpaketes, kommt das Paket während seiner Hebung in wärmere Umgebungsluft. Dementsprechend wird es gegenüber seiner Umgebung immer dichter und damit schwerer, so daß der weitere Aufstieg schließlich gestoppt wird und sich ein Gleichgewicht einpendelt. Im Falle absinkender Luft gilt Analoges. Ist die Luft in dieser beschriebenen Weise geschichtet, handelt es sich um eine **trockenstabile Schichtung** – sie wirkt dämpfend auf Vertikalbewegungen.

Ist hingegen die Atmosphäre so geschichtet, daß ihre Temperatur mit der Höhe schneller abnimmt als die des aufsteigenden Luftpaketes, kann dieses, da es gegenüber seiner Umgebung zunehmend weniger dicht wird, immer rascher aufsteigen. Diese Schichtung wird **trockenlabil** genannt – sie setzt dem Aufstieg nichts entgegen, sie wirkt sogar aufstiegsbeschleunigend.

Sind die Temperaturabnahmen identisch, haben wir eine **trockenindifferente** Schichtung vor uns.

Besonders groß ist die Stabilität dann, wenn innerhalb einer Schicht die Temperatur mit der Höhe zunimmt. Eine solche Schicht mit höheren Temperaturen wird **Temperaturinversion** genannt. Sie kann kaum durchbrochen werden.

2.2.2   Der feuchtadiabatische Temperaturgradient – feuchtstabile und feuchtlabile Schichtung

Wenn nun die Luft nicht trocken ist, sondern eine bestimmte Menge Wasserdampf enthält, werden die adiabatischen Zustandsänderungen komplizierter. Damit Wasser überhaupt in die Luft gelangt, ist Energie notwendig. Um ein Wassermolekül dem Wasser entnehmen zu können, müssen die Anziehungskräfte, die das Wassermolekül an andere nahe der Oberfläche binden, überwunden werden. Die dazu notwendige Energie ist die **Verdampfungswärme**.

Im Wasser haben die Moleküle wohldefinierte Plätze in bezug auf ihre Nachbarmoleküle, und alle befinden sich in Bewegung. Allerdings besitzen nicht alle Moleküle dieselbe Bewegungsenergie. Die Ge-

Temp. in °C	Temp.-abnahme bei 1.000 hPa
30	0,352
20	0,426
10	0,527
0	0,646
-10	0,763
-20	0,855
-30	0,916
-40	0,950

Tabelle 1   Feuchtadiabatischer Temperaturgradient. Der linke Temperaturwert gibt die Ausgangstemperatur an. Bei geringerem Luftdruck liegen die Werte ein wenig niedriger.

schwindigkeiten sind nach einem Geschwindigkeitsspektrum verteilt. Der durchschnittlichen Bewegungsenergie entspricht die Wassertemperatur. Einige der Moleküle mit höherer Bewegungsenergie als der durchschnittlichen vermögen sich aus dem Verbund loszureißen und bilden Wasserdampf. Dadurch sinkt die Durchschnittsenergie bzw. die Wassertemperatur. Seine Energie nimmt das Molekül als **latente Wärmeenergie** mit sich. Aus diesem Grunde frieren wir, wenn wir aus dem Wasser steigen, und verschafft uns das Schwitzen an heißen Tagen Kühlung. Die zur Verdunstung notwendige Energie variiert entsprechend der Wassertemperatur aber nur vernachlässigbar geringfügig und beträgt $2,5008 \cdot 10^6$ J kg^{-1}.

Auch Eis kann verdunsten, ohne erst den Umweg über die Verflüssigung zu nehmen. In diesem Fall kommt die zur Verflüssigung notwendige Energie ($0,3337 \cdot 10^6$ J kg^{-1}) hinzu, die latente Wärme ist also noch größer.

Die in der feuchten Luft steckende Energie, die latente Wärme, wird wieder freigesetzt, wenn die Sättigungsgrenze erreicht ist und der überschüssige Wasserdampf kondensiert.

Wieviel latente Wärme in der Luft enthalten ist, hängt von der Temperatur ab, dem Feuchtigkeitsgehalt und dem Luftdruck. Bei hohen Temperaturen kann der absolute Wasserdampfgehalt hoch sein, viel höher als bei tiefen Temperaturen (s. Abb. 24). Daher wird der Luft, wenn sie warm ist, mehr Wärme bei der **Kondensation** zugeführt, als wenn sie kalt ist. Deshalb nimmt der **feuchtadiabatische Temperaturgradient** in warmer Luft geringere Werte an als in kalter Luft (Tab. 1).

Bei großer Kälte nähert sich der feuchtadiabatische Temperaturgradient also dem trockenadiabatischen an. Bei niedrigerem Luftdruck liegen die

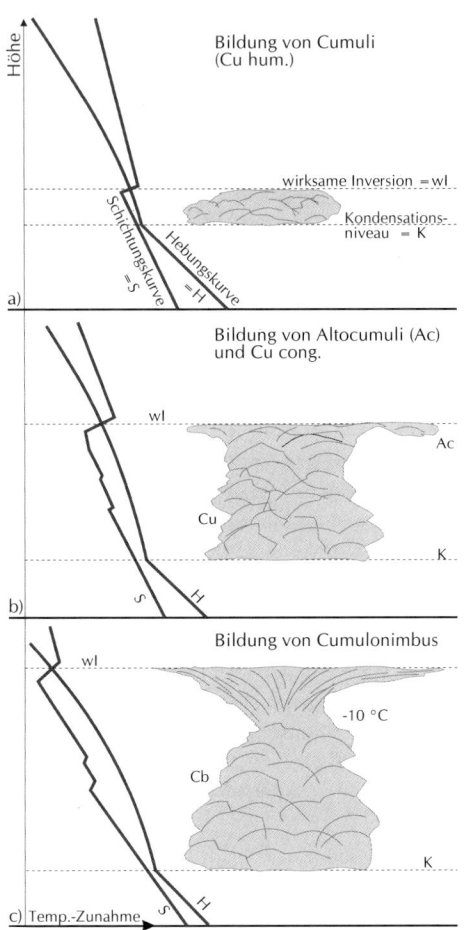

Höhe

Bildung von Cumuli
(Cu hum.)

wirksame Inversion = wl

Kondensations-
niveau = K

Schichtungskurve = S

Hebungskurve = H

a)

Bildung von Altocumuli (Ac)
und Cu cong.

wl

Ac

Cu

K

b)   S   H

Bildung von Cumulonimbus

wl

-10 °C

Cb

K

c) Temp.-Zunahme   S   H

Abb. 25 Hebungs- und Schichtungskurven. Die labilen Verhältnisse lassen die Bildung von Konvektionswolken zu. Ab der Höhe, in der die aufsteigende Luft 100% Luftfeuchte erreicht, bilden sich Wolken, wobei Wärmeenergie freigesetzt wird, so daß die weitere Abkühlung bei fortgesetzter Hebung verlangsamt wird. Da die Temperatur der aufsteigenden Luft noch immer höher ist als die der Umgebungsluft, steigt das Luftpaket weiter, bis in die Höhe, in der die Umgebungsluft wär- mer wird als die des aufsteigenden Pakets. Die in die Höhe gestiegene Luft ist nun im Vergleich zur Umgebungsluft dichter und somit schwerer. Eine Inversion ist dann eine wirksame Sperre für Vertikalbewegungen, wenn sich die Schicht- und Hebungskurven schneiden. Unter einer solchen Sperrschicht breiten sich die Wolken nach den Seiten hin aus. (Zu den Wolken s. Kap. 3.2 ff., 5.1 ff.)

(Verändert nach Liljequist und Cehak (1984)).

Werte noch etwas unter den in der Tabelle angegebenen. Überschlägig kann man für die mittleren Breiten von Werten um 0,5 bis 0,6 °C pro 100 Höhenmetern ausgehen.

Je nachdem, wie die **feuchtadiabatische Temperaturkurve** des aufsteigenden, mit Wasserdampf gesättigten Luftpaketes ausfällt im Vergleich zur Temperaturabnahme oder -zunahme in der Umgebungsluft, spricht man von einer **feuchtstabilen**, **feuchtlabilen** oder **feucht- indifferenten Schichtung**.

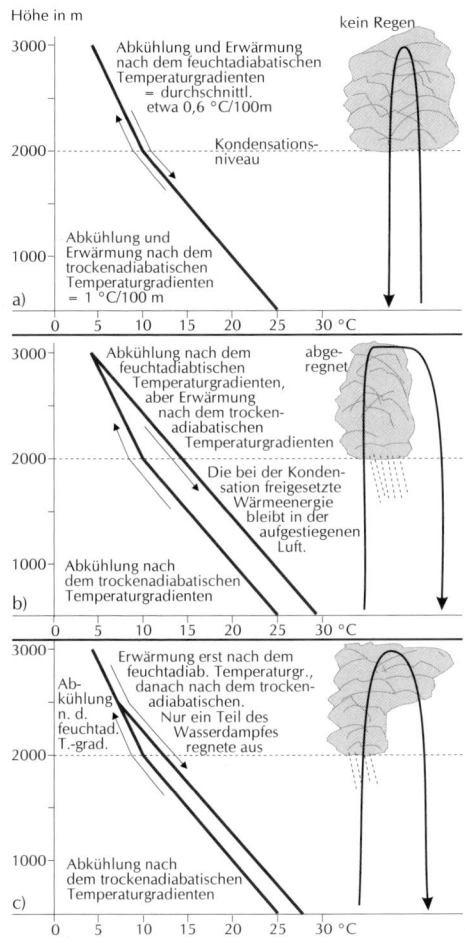

Höhe in m

kein Regen

a)
Abkühlung und Erwärmung
nach dem feuchtadiabatischen
Temperaturgradienten
= durchschnittl.
etwa 0,6 °C/100m

Kondensations-
niveau

Abkühlung und
Erwärmung nach dem
trockenadiabatischen
Temperaturgradienten
= 1 °C/100 m

b)
Abkühlung nach dem
feuchtadiabtischen
Temperaturgradienten,
aber Erwärmung
nach dem trocken-
adiabatischen
Temperaturgradienten

abge-
regnet

Die bei der Konden-
sation freigesetzte
Wärmeenergie
bleibt in der
aufgestiegenen
Luft.

Abkühlung nach
dem trockenadiabatischen
Temperaturgradienten

c)
Erwärmung erst nach dem
feuchtadiab. Temperaturgr.,
danach nach dem trocken-
adiabatischen.
Nur ein Teil des
Wasserdampfes
regnete aus

Ab-
kühlung
n. d.
feuchtad.
T.-grad.

Abkühlung nach
dem trockenadiabatischen
Temperaturgradienten

Abb. 26 Adiabatische Zustandsänderungen.

In a) erfolgen sowohl die Abkühlung als auch die Erwärmung nach denselben Bedingungen, denn die Wolke regnet nicht ab.

In b) regnet die Wolke gänzlich ab, so daß vom Höhepunkt der Vertikalbewegung ab die Luft trocken ist und sie sich nach dem trockenadiabatischen Temperaturgradienten erwärmt.

Beide Möglichkeiten sind Extreme. In der Regel kommt eine Mischung vor, wie sie in c) dargestellt ist.

Hier regnet ein Teil der Feuchtigkeit bis zum Höhepunkt aus. Beim folgenden Abstieg ist daher noch Feuchtigkeit enthalten, die erst wieder von der Luft aufgenommen werden muß. Wegen des Energieeinsatzes erwärmt sie sich nur entsprechend dem feuchtadiabatischen Temperaturgradienten. Erst wenn die Sättigungsgrenze unterschritten wird, erwärmt sie sich auch nach dem trockenadiabatischen Gradienten.

Stabilität und Labilität sind von fundamentaler Bedeutung für die Wettervorgänge. Herrscht eine **stabile Schichtung**, zeigen die Wolken ein eintöniges schichtförmiges Aussehen, daher nennt man diese Wolken Schichtwolken (Stratus), wobei oft eine konturlose Wolkendecke den ganzen Himmel überdeckt. Ist der Feuchtigkeitsgehalt geringer, ist die Wolkendecke durchbrochen, oder es ist sogar wolkenlos.

Ist die Atmosphäre aber **labil**, kommt es zu Vertikalbewegungen. Die Quellwolken, die dabei entstehen können, türmen sich häufig bis in große Höhen auf – z. B. Cb-Wolken (s. Abb. 25 und 26).

In Abb. 25 ist die Wolkenbildung verschiedener Kombinationen von Hebungs- und Schichtungskurve dargestellt. Sichtbar ist die veränderte Temperaturabnahme ab dem Kondensationsniveau, wenn der Taupunkt (100% Luftfeuchte) erreicht ist und das überschüssige Wasser auszufallen beginnt. Die Obergrenze der Wolken ist dann erreicht, wenn die Umgebungsluft wärmer wird als das aufsteigende Luftpaket. Abb. 26 verdeutlicht die adiabatischen Zustandsänderungen, welche ein aufsteigendes Luftpaket durchlaufen kann. Die im Teil c) gezeichnete Möglichkeit kommt in der Natur am häufigsten vor. In Kap. 7.1.1 wird sie bei der Darstellung des Föhns wieder aufgegriffen.

2.3   Die Auswirkungen der Schichtung auf das Wetter

Die Schichtung der Atmosphäre wird von den **Vertikalbewegungen** bestimmt, vor allem vom turbulenten Wärmeaustausch, aber auch von der Strahlung und von der Kondensation des Wasserdampfes. Diese Faktoren ändern sich entsprechend den Unterlagen, über die die Luftmasse horizontal hinwegströmt, mit der Folge, daß die ursprüngliche Schichtung modifiziert wird. Verändernd auf die Schichtung wirken sich aber natürlich auch die Tages- und Jahreszeiten aus.

Von zwei **Turbulenzarten** kann die Atmosphäre durchmischt werden: durch dynamische und thermische Turbulenzen. **Dynamische Turbulenzen** werden insbesondere von großen Windstärken verursacht, da dann die Reibung zwischen Luftströmung und Erdoberfläche sehr groß ist. Die vertikale Reichweite kommt normalerweise allerdings nicht über einige 100 m hinaus. Eine stabile Schichtung kann dadurch jedoch in eine indifferente überführt werden. Liegt das Kondensationsniveau tief, wie es meistens im Winter der Fall ist, kommt es zur Wolkenbildung, und zwar in der Regel zu Stratocumuli (s. Kap. 3.2.3 und 3.2.4).

Wenn unterhalb einer sehr markanten **Temperaturinversion** eine kräftige Strömung herrscht, mit den entsprechenden Turbulenzen, bildet sich direkt unter der Inversionsschicht eine Wolkendecke mit Stratocumuli. Liegt die Inversionsschicht sehr tief – man spricht hierbei von einer **Bodeninversion** – kann ein stärker werdender Wind mit seinen Turbulenzen diese rasch abbauen und somit etwa vorhandene Wolken auflösen.

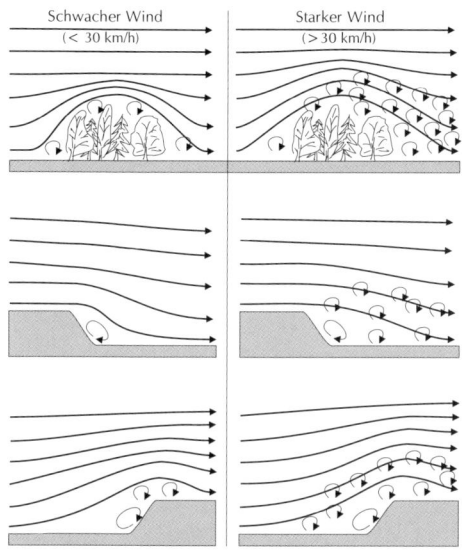

Schwacher Wind
(< 30 km/h)

Starker Wind
(> 30 km/h)

Abb. 27   Die dynamischen Turbulenzen, die bei Luftströmungen nahe über dem Erdboden entstehen, reichen maximal einige 100 m in die Höhe. Sie bilden sich an allen Hindernissen in der dargestellten Weise aus, aber natürlich - schwächer - auch über ebenem Grasland. Über dem Meer sind sie ebenfalls erheblich weniger stark. Die Kenntnis der Turbulenzen ist vor allem für Flieger äußerst wichtig.

Während die dynamischen Turbulenzen nur eine geringe vertikale Erstreckung aufweisen, können die **thermischen Turbulenzen** bzw. die **Konvektion** die gesamte Troposphäre beeinflussen. Sie wirken damit durchgreifender als die dynamischen Turbulenzen.

Verursacht wird die Konvektion im wesentlichen von der Erwärmung der Luft von unten her, entweder durch die von der Sonne erwärmte Erdoberfläche oder dadurch, daß die Luft über eine warme Meeresoberfläche oder eine andere warme Unterlage strömt.

Über Land erreicht die Erwärmung der untersten Schicht während der frühen Nachmittagsstunden ihr Maximum, weshalb zu der Zeit auch die Konvektion am stärksten ausgeprägt ist und die Möglichkeit zur Entwicklung eines Wärmegewitters am ehesten gegeben ist. Über dem Meer ist es umgekehrt. Da das Wasser sich in der Nacht wegen seiner großen Speicherkapazität kaum abzukühlen vermag, wird die unterste Luftschicht in ihrer Temperatur kaum verändert. In der Höhe jedoch erniedrigt sie sich wegen der Wärmeausstrahlung. Dadurch ist nächtens über dem Meer eine größere Tendenz zur Labilität vorhanden als bei Tag. Quellwolken mit Niederschlägen sind daher über dem Meer nachts am häufigsten. Die Labilität wird, wenn sich Wolken gebildet haben, noch zusätzlich durch die Wärmeabstrahlung an der Wolkenoberseite verstärkt. Innerhalb der

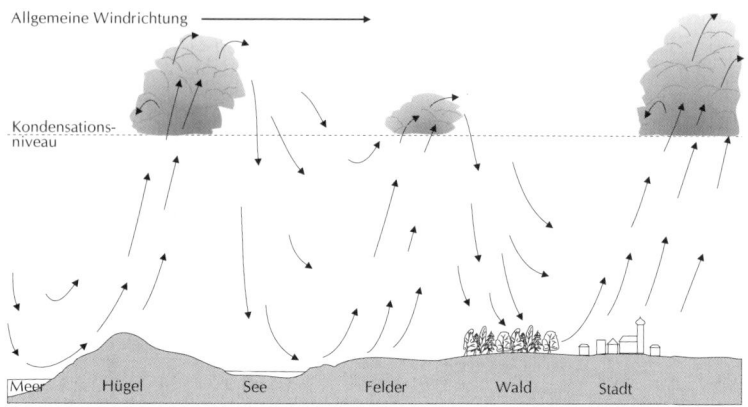

Allgemeine Windrichtung

Kondensations-
niveau

Meer   Hügel   See   Felder   Wald   Stadt

Abb. 28   Thermische Turbulenz oder Konvektion an einem Sommertag um die
Mittagszeit. Durch die ungleiche Erwärmung der Erdoberfläche gibt es neben
Aufwindbereichen kompensierende Abwindgebiete. Aufwindbereiche sind Be-
siedlungsflächen, deren Beton- und Asphaltflächen sich stark erhitzen, trockene
sommerliche Felder, mit Gras bewachsene Hügel und Felsgelände. Über den
Wasserflächen und Wäldern sinkt die Luft wieder ab, da diese Regionen sehr
viel weniger stark erwärmt werden. Ein lichter Nadelwald heizt sich jedoch im
allgemeinen stärker auf als ein Wald mit Laubbäumen, da von den letztgenannten der Boden besser abgedeckt wird und sie feuchter sind. Über einem nicht
allzu eng bestandenen Nadelwald kann also im Sommer durchaus ein leichter
Aufwind herrschen. Erreichen die Aufwinde das Kondensationsniveau, bilden
sich Quellwolken. Große Vögel und die Segelflieger nützen die Aufwindbereiche aus.

Wolken nehmen die Turbulenzen demnach zu – dies gilt auch bei wenig
stabilen Wetterlagen vor allem für abendliche Quellwolken über Land,
wenn der Boden noch sommerlich warm ist, die Abstrahlung an der
Wolkenoberseite jedoch bereits für eine wirksame Abkühlung sorgt.

Aus Abstrahlung geht die häufigste Nebelart, der **Strahlungsnebel**,
hervor. Vor allem im Herbst bei windstillen Hochdruckwetterlagen tritt
er auf, wenn der Erdboden unter klarem Himmel durch nächtliche
Abstrahlung Wärme verliert und die ihm auflagernde Luftschicht sich bis
unter den Taupunkt abkühlt. Hat am Tage die Sonne noch die Kraft, die
Nebelluft und den Erdboden über den Taupunkt zu erwärmen, löst er sich
auf. Im Spätherbst entwickelt sich tagsüber statt dessen nur noch eine
einige 100 m über dem Boden liegende Inversionsschicht, unter welcher
der Nebel, wegen der leichten Erwärmung des Bodens zum Hochnebel
geworden, hängen bleibt und den Tag grau in grau vergehen läßt.

Hochnebel kommt, wiederum vor allem im Herbst und Frühjahr, bei Hochdrucklagen häufig auch dann vor, wenn sich dicht unterhalb einer Höheninversion Staubpartikel als Kondensationskerne (s. Kap. 3.2.1) anhäufen. Durch die Ausstrahlung aus einer solchen Dunstschicht ist eine starke Abkühlung der Luft möglich. Die dadurch entstehende Wolkendecke – sofern der Taupunkt unterschritten wird – hat die Tendenz, nach unten zu wachsen. Die weitere Temperaturabnahme an der Oberseite zieht labile Verhältnisse unterhalb der Inversion nach sich, wodurch sich bei ausreichend feuchter Luft die Wolken bis zum Erdboden ausdehnen und zu einem sehr zähen, dauerhaften Nebel werden können. Die Schichtung ist in diesem Fall sehr stabil.

Über der kräftig ausgeprägten Inversionsschicht liegen die Temperaturen erheblich über den am Boden herrschenden, und die Sonne strahlt bei hervorragender Fernsicht von oft über 200 km vom blauen Himmel.

Ein solches Wetter, eine ruhge Hochdrucklage, stellt sich bevorzugt in hügeligen und bergigen Gebieten ein, insbesondere dann, wenn – noch relativ warme – Wasserflächen oder wasserdurchtränkte Böden für genügend Luftfeuchte sorgen. In den muldenförmigen Tieflagen sammelt sich die kalte, feuchte und zunehmend schmutziger werdende Luft, ohne Möglichkeit abzufließen.

Aufgelöst wird eine derart zähe Nebeldecke meist durch horizontalen Zustrom von warmen oder kalten Luftmassen. Doch muß der Zustrom von warmen Luftmassen – etwa im Warmluftsektor eines Tiefs – recht kräftig ausfallen, um die Inversionsschicht turbulent abzubauen, wobei aber auch der eventuell fallende Niederschlag eine große Rolle spielt.

Strömt Kaltluft herbei, kommt sie, je nach ihrer Temperierung im Vergleich zum kalten Nebelgebiet, am Boden entlang oder in der Höhe. Ist sie wärmer als die Nebelluft, aber kälter als die Luft über der Inversion, führt sie eine Labilisierung herbei, so daß der kalte Smog der Tieflagen langsam von oben her abgebaut werden kann. Ist sie kälter, wird die Nebelluft rasch durchmischt und verdrängt.

Die Schichtung einer Kaltluftmasse, die gewöhnlich höheren Breiten entstammt, ist normalerweise sehr stabil und wird häufig durch eine kräftige Temperaturinversion charakterisiert. Strömt eine solche Luftmasse über eine wärmere Oberfläche, wird sie von unten her erwärmt und dadurch labilisiert. Ist die wärmere Oberfläche das Meer, wird ihr auch Wasserdampf zugeführt. Deshalb gestaltet sich unser Wetter bei Zustrom von Polarluft entsprechend wechselhaft, mit Cumulus- und Cumulonimbus-Wolken bei tiefem Kondensationsniveau, je nachdem, wie weit der Weg übers Meer vom Entstehungsort der Luftmasse bis zu uns war (s. Abb. 22).

Der Ursprungsort von **Warmluftmassen** liegt in der Regel in niederen Breiten. Ihre Schichtung kann sowohl stabil als auch indifferent sein. Strömt sie auf ihrem Weg über langsam kälter werdenden Untergrund, werden vor allem ihre untersten Schichten abgekühlt. Dadurch wird die Schichtung stabilisiert. Die bei frischem oder starkem Wind zum Tragen kommende dynamische Turbulenz kann Anlaß zu einer **Höheninversion** mit Wolkenentwicklung sein. Doch sind die Turbulenzen, verglichen mit denjenigen in Kaltluftmassen, relativ unbedeutend. Und während es bei der über eine wärmere Oberfläche zuströmenden Kaltluft zu den in bezug auf die Wettererscheinungen interessanten konvektiven Wolkenformen und abwechslungreichem Wetter kommt, gestaltet sich das Wetter bei der sich durch den Boden abkühlenden Warmluft, wie es während der kalten Jahreszeit oft vorkommt, eher langweilig, mit Nebel oder zumindest mit Dunst.

Bewegt sich eine Luftmasse nicht, wie eben besprochen, horizontal, sondern vertikal, so wie es sich innerhalb einer Zyklone und in einer Antizyklone verhält, verändert sich die Stabilität ebenfalls.

Bei einer **Antizyklone** verschiebt sich eine Luftmasse mit großer Horizontalerstreckung langsam (Zentimeter bis Dezimeter pro Sekunde) abwärts. Nehmen wir nun zum besseren Verständnis der Vorgänge von der gesamten sich nach unten bewegenden Luftmasse eine Schicht heraus, wobei der Einfachheit halber die Luft kein kondensiertes Wasser mit sich führt: Zwischen der Obergrenze und der Untergrenze unserer Schicht besteht eine **Druckdifferenz**. Beim Absinken erwärmt sich die Luft trockenadiabatisch und wird, da der Luftdruck steigt, zusammengedrückt. Dabei legt die Oberseite der Schicht eine größere Strecke zurück als die Unterseite, woraus folgt, daß die Oberseite entsprechend dem längeren Abstiegweg stärker erwärmt wird. Hieraus ergibt sich eine Tendenz in Richtung Stabilität.

Durch das Ausfließen der Luft in den unteren Schichten entwickelt sich einige 100 m über dem Boden eine **Inversion**. Unter dieser Inversion können Konvektion und dynamische Turbulenzen vorkommen (s. Abb. 29).

Im Sommer ist die Luft relativ trocken, und die Turbulenzen sind gering. Dadurch herrscht klares und trockenes Wetter. Im Winter aber, wenn die Temperaturen niedrig sind und die Luft nur wenig Wasser mit sich führen kann, ist der Himmel knapp unterhalb der Inversion oft von Stratocumuli bedeckt.

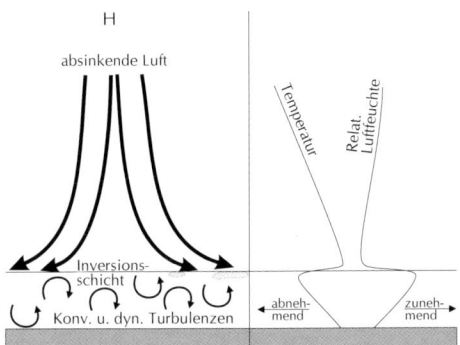

H

absinkende Luft

Inversions-schicht

Konv. u. dyn. Turbulenzen

Temperatur

Relat. Luftfeuchte

abneh-mend

zuneh-mend

Abb. 29 Schichtungsverhältnisse in einem Hochdruckgebiet mit Turbulenzentwicklung. Durch das Ausfließen der Luft in den unteren Schichten bildet sich oft eine Inversionsschicht, unter der eine turbulente Durchmischung stattfindet und unter welcher im Winter häufig Stratocumuli den Himmel bedecken.

Bei einer **Zyklone** ist zwar auch eine allgemeine vertikale Bewegung festzustellen, nämlich eine Hebung der Luftmassen, aber die Verhältnisse sind sehr viel komplizierter gelagert. Grundsätzlich kann jedoch festgestellt werden, daß bei stabiler Schichtung die Stabilität verringert wird und eine labile Schichtung zu mehr Stabilität neigt. Auch sind die Verhältnisse deshalb nicht so übersichtlich, weil im Laufe der Hebung meist Kondensationserscheinungen auftreten. Wenn die feucht-warme Luft des Warmluftbereiches eines Tiefs auf die kühlere vor ihr liegende Luftmasse aufgleitet, kann es durch die Abnahme der Stabilität zu Warmfrontgewittern kommen, aber diese sind freilich recht selten und sehr viel schwächer als Kaltfrontgewitter.

3 Von der Kondensation zum Niederschlag

3.1 Kondensationsprozesse

Bisher wurde davon ausgegangen, daß die **Kondensation** bei über 100% Luftfeuchtigkeit einsetzt. Das ist insofern richtig, als ab diesem kritischen Wert eine stürmische Kondensation zu sichtbar werdenden Tröpfchen beginnt. Aber eigentlich wird bereits um 80% Luftfeuchtigkeit Wasserdampf freigesetzt. Man merkt das daran, daß die Luft diesig erscheint. Je feuchter die Atmosphäre wird, desto weiter geht die Sichtweite zurück, das Licht wird gestreut – nicht diffus reflektiert –, die Sonne wirkt rötlich, der Dunst selbst jedoch eher bläulich.

Zur Kondensation sind **Kondensationskerne** notwendig. Sind diese nicht in genügender Anzahl vorhanden, kann die Luft mit Wasserdampf übersättigt werden.

Kondensationskerne sind in der Atmosphäre aber im allgemeinen in großer Zahl vorhanden, je nach Region und Luftmasse. Die geringste Menge, um 300 pro cm³, schwebt in reiner Luft, über den Ozeanen und den arktischen Gebieten. Hingegen mißt man in Großstädten immerhin bis über 100.000 Schwebpartikel pro cm³. In höheren Luftschichten wird die Luft generell deutlich sauberer.

Von allen **Aerosolen** – das sind sämtliche in der Atmosphäre schwebenden flüssigen und festen Teilchen, ausgenommen Wolken-, Nebel- und Niederschlagsteilchen – sind nur bestimmte als Kondensationskerne geeignet. Davon sind die hygroskopischen, also die salz- bzw. säurehaltigen am wirksamsten, denn sie besitzen die Fähigkeit, Wasser an sich zu ziehen. Zu diesen Kondensationskernen zählen, mit einem geschätzten Anteil von 10%, Salzkristalle – größtenteils über dem Meer in die Luft gelangt –, außerdem Teilchen, die aus Verbrennungsprodukten durch chemische bzw. photochemische Reaktionen entstanden sind, und Mischkerne, d. h. feste, aber wasserlösliche Partikel, an denen sich hygroskopische Substanzen angelagert haben. Die Größe der Kondensationskerne reicht von $< 0,1$ μm (μm = Mikrometer = 10^{-6} m) bis > 1 μm im Radius.

Es läßt sich natürlich leicht vorstellen, daß gar nicht so viel Wasserdampf vorhanden ist, daß aus allen Tröpfchen **Regentropfen** werden können, denn durch den Kondensationsprozeß wird der Luft ja Feuchtigkeit entzogen. Es entstehen in Abhängigkeit von den Kondensationskernen und der Verweildauer innerhalb der Wolke unterschiedlich große Tröpfchen. Im Durchschnitt mißt ihr Radius 5 bis 10 μm.

Die Zeitdauer, welche ein Tropfen überstehen kann, ist wiederum abhängig von der Wolkenart. Er kann nur wenige Sekunden existieren oder auch, z. B. in Quellwolken, mehrere Stunden, er kann wachsen und sich wieder sofort auflösen. Anfangs vergrößern sich die winzigen Tröpfchen schnell. Nur etwa eine Minute wird benötigt, um einen Tropfen auf einen Radius von 5 μm anwachsen zu lassen, aber schon eine halbe Stunde, um seine Größe zu verdoppeln, und 10 Stunden, damit er auf einen Radius von 50 μm kommt. Es liegt im Bereich des Möglichen, daß ein Tropfen aus reiner Kondensation zu einem Nieselregentropfen von 100 μm Radius heranwächst. Aber zur Entstehung eines gewöhnlichen Regentropfens, immerhin wenigstens rund 1.000 μm (= 1 mm) messend, müssen noch andere Prozesse hinzukommen.

Für das Heranwachsen eines solchen normalen Tropfens dürften zwei Prozesse von herausragender Bedeutung sein: die **Niederschlagsbildung durch Eiskerne** und die Prozeß-Theorie der Regentropfenentstehung durch **Koaleszenz**. Beide erklären die Regenentstehung bei verschiedenen meteorologischen Verhältnissen, was aber keineswegs bedeutet, daß grundsätzlich nur entweder die eine oder die andere zur Erklärung herangezogen werden kann.

In unseren mittleren Breiten spielt die erste Theorie die tragende Rolle. Aus einer Cumuluswolke fällt (s. Kap. 3.2.3 und 3.2.4) normalerweise kein Niederschlag, jedenfalls solange keine Eiskristalle in ihr vorkommen. Erst wenn die auftreten, ist mit Niederschlag zu rechnen. Zu erkennen sind sie bei sommerlichen sich auftürmenden Cumuli, wenn der obere Teil beginnt, sich diffus, faserig auszubreiten. Aus der Cumuluswolke ist dann ein Cumulonimbus geworden. Aber auch wenn man keine Eiskristalle in einer Wolke erkennen kann, sind sie in unseren Breiten häufig vorhanden, und zwar zusammen mit unterkühlten Tröpfchen, vor allem zwischen -10 und -35 °C. Nun kann der Prozeß, an dessen Ende der Regenfall steht, ablaufen.

Da der Sättigungsdampfdruck über Eis geringer ist als über Wasser, also Wasserdampf über Eis früher kondensiert, verdunsten dauernd Wassertröpfchen, während Wasserdampf auf den Eiskristallen sublimiert: Die Eiskristalle wachsen auf Kosten der unterkühlten Wassertröpfchen. Durch Berührungen und Anfrieren, Sich-miteinander-Verhaken und wahrscheinlich durch die Anziehungskräfte elektrisch verschiedener Ladungen werden die Eiskristalle immer größer, bis sie von den Aufwinden nicht mehr getragen werden können, zu fallen beginnen und in tieferen Lagen bei Temperaturen über 0 °C schmelzen.

Die andere Theorie, der Erklärungsversuch für Niederschläge durch Koaleszenz, geht von der Möglichkeit aus, daß die Tröpfchen durch Zusammenstöße zusammenwachsen. Werden an der Unterseite einer Wolke einige wesentlich größere Tropfen gebildet, als die sonst in ihr vorherrschenden, kann der niederschlagsbildende Prozeß ausgelöst werden, indem diese Tropfen durch Aufwinde in höhere Regionen gebracht werden. Auf seinem Weg kann der Tropfen natürlich durch Zusammenstöße weiter anwachsen. Ist er für die Aufwinde zu schwer geworden, schlägt er wieder den Weg zur Erdoberfläche ein, wobei er sich weiter vergrößern kann, und zwar solange, bis die Oberflächenspannung des Tropfens nicht mehr ausreicht, die Wassermenge zusammenzuhalten. Er zerplatzt, und die einzelnen Teilchen wiederholen das Spiel. Durch diese Kettenreaktion können sich, ausgehend von einem einzigen größeren Tropfen, zahllose Regentropfen bilden, die schließlich aus der Wolke ausfallen und als Regen die Erdoberfläche erreichen, manchmal allerdings unterwegs wieder verdunsten.

Sehr unterschiedlich sind die beiden Theorien nicht. Die Rolle der Eiskristalle wird in der zweiten Theorie von den größeren Tropfen übernommen. Oft werden beide Mechanismen bei der Niederschlagsbildung zusammenwirken.

3.2   Die Formen der kondensierten Luftfeuchtigkeit

3.2.1   Die Entstehung von Nebel

Von Nebel spricht man erst bei einer Sichtweite von unter 1.000 m. Beträgt sie mehr als 1 km, handelt es sich um Dunst.

Daß zur Kondensation Kondensationskerne notwendig sind, wurde im vorigen Kapitel hinreichend beschrieben. Die Frage ist nun, wie es zur Wasserdampfsättigung in der Atmosphäre kommt. Verschiedene Vorgänge können dafür verantwortlich sein, daß Nebel und Wolken entstehen.

Der **Strahlungsnebel** wurde bereits in Kap. 2.3 in die Betrachtung der Schichtung mit einbezogen. Diese häufigste Nebelart erklärt sich durch

Abb. 30

den starken nächtlichen Wärmeverlust des Erdbodens durch Ausstrahlung, besonders bei klarem Himmel. Durch den Wärmeverlust des Bodens kann sich die unterste Luftschicht, von einer ausgeprägten Absinkinversion nach oben begrenzt, bis unter den Taupunkt abkühlen. Da es sich hier, beim **Bodennebel**, quasi um einen abgeschlossenen, nur wenige zehn oder hundert Meter mächtigen Raum handelt, bei dem keine ununterbrochene Luftzufuhr stattfinden kann, kondensiert nur eine unbedeutende Wassermenge, so daß der Nebel kaum nässend auftritt. In größeren Hohlformen, wie z. B. im Oberrheingraben, kann jedoch zusätzlich Kaltluft aus größeren Höhen zufließen, wodurch der Nebel sich sehr dicht und äußerst langlebig ausbilden kann (Abb. 32 a).

Im Sommer oder im Frühherbst besitzt die Sonne die Kraft, Nebel und Inversion schon in den frühen Morgenstunden aufzulösen, zur kalten Jahreszeit liefert sie dazu eine zu geringe Wärmestrahlung. Allenfalls kann sich der Nebel heben.

Wird der Luftaustausch durch eine höher gelegene Absinkinversion über eine längere Zeitdauer hinweg verhindert, sammeln sich an ihrer unteren Grenze allmählich so viele Aerosole und Wasserdampf an, daß die Transparenz deutlich sinkt (Abb. 32b und 31). Die durch die Aerosole bedingte erhöhte Wärmeabstrahlung ermöglicht häufig neben konvektiven Wolkenformen (Sc) die Ausbildung von **Hochnebel**. Als Beispiel dafür kann wiederum der Oberrhein angeführt werden. Aber auf diese Weise

Abb. 31

kommt auch der Küstennebel über kalten Gewässern im Bereich der subtropischen Hochdruckgebiete, etwa vor der Pazifikküste Südamerikas und der Atlantikküste Südafrikas zustande. Das Absinken innerhalb der Antizyklone bewirkt dort eine Inversion in Höhen um 800 bis 1.200 m, das kalte Wasser verhindert die Auflösung der dynamisch verursachten Absinkinversion, liefert jedoch den Wasserdampf zur Hochnebelbildung.

Wenn ein großer Temperaturkontrast zwischen Tag und Nacht besteht, was besonders häufig im Frühling und Herbst vorkommt, sind bereits wesentliche Bedingungen für die Bildung von Strahlungsnebel erfüllt. Und wenn er dann noch von einer Ansammlung von Schmutzpartikelchen unter einer Absinkinversion ausgeht, kann er leicht, als Boden- oder Hochnebel, sehr zäh und mächtig werden.

Ähnlich gering wie beim Strahlungsnebel ist die kondensierte Wassermenge, wenn warme Luft in kühlere Breitenlagen vordringt oder über ein kaltes Meer strömt. Aber weil die Abkühlung über einen längeren Zeitraum andauert als bloß über eine Nacht, werden mächtige Luftschichten von der Abkühlung erfaßt, mit der Folge, daß der so entstehende **Advektionsnebel** dichter ist und weiter in die Höhe reicht, in der Regel 300 bis 500 m, selten bis 1.000 m.

a)
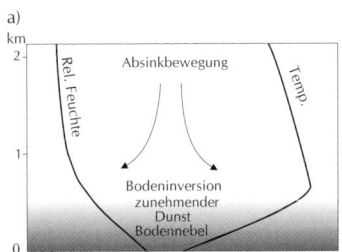

b)
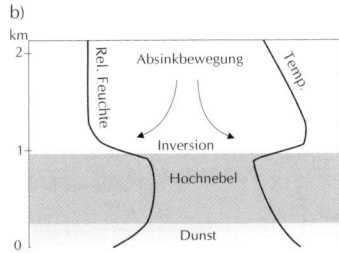

Abb. 32   Nebelbildung durch Absinkinversionen und nächtliche Wärmeausstrahlung in einem Hochdruckgebiet. In Bild a) liegt die Inversion sehr tief, so
daß es zu Bodennebel kommt, wenn die Temperatur durch Abstrahlung unter
den Taupunkt sinkt. In Bild b) liegt die Inversion höher, die untere Schicht ist
leicht turbulent. Dementsprechend herrscht Hochnebel.

Der Nebel kann sehr lange liegen bleiben, eine Woche und länger.
Darüber ist es wärmer, meist klar und sonnig. Die Luftströmung, die im
Gegensatz zum Strahlungsnebel bei dieser Nebelart herrscht, sorgt dafür,
daß die Luft nicht allzu schmutzig, der Nebel also nicht zum ausgespro-
chenen Smog wird und daß er sich zeitweise sogar abhebt und in
Stratuswolken übergeht.

Diese Nebelform ist charakteristisch für eine feuchte Warmluftmasse im
Winter aus westlicher Richtung. Sie deckt aber auch im Frühling oft die
Ostsee mit ihren Buchten und das Bodenseegebiet zu, wenn die Wasserflächen noch kalt sind. Darüber hinaus ist er dort anzutreffen, wo kalte
und warme Meeresströmungen aneinandergrenzen, wie beispielsweise vor
Neufundland, wo der kalte Labradorstrom und der Golfstrom zusammentreffen, oder wo kaltes Auftriebswasser an die Oberfläche quillt. Letzteres
ist u.a. vor Kalifornien der Fall.

Abgelöst wird der Advektionsnebel häufig dadurch, daß er infolge von
Turbulenzen in Stratuswolken übergeht oder mit heranziehender trockener
Luft vermischt wird.

Nebel kann jedoch nicht nur beim Überströmen warmer Luftmassen über
kaltem Untergrund aufkommen, sondern auch im umgekehrten Fall,
nämlich wenn viel kältere Luft mit wärmerem Wasser in Berührung
kommt. Eine dünne Luftschicht über dem Wasser wärmt sich auf, wobei
sie gleichzeitig durch Verdunstung Wasser zugeführt bekommt. Durch
die Erwärmung wird die Schicht natürlich labilisiert. Die Luft steigt als
Blasen auf, gerät in kältere und vermischt sich mit ihr. Dadurch wird, bei
entsprechenden Temperaturen, der Taupunkt unterschritten, das Wasser
beginnt zu rauchen – daher der Name **Seerauch**.

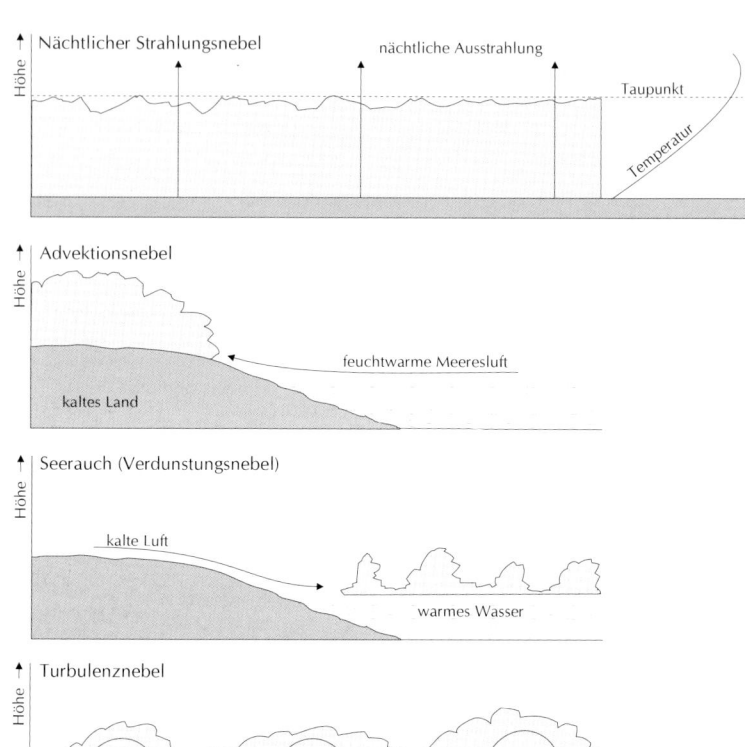

Abb. 33   Einige Nebelarten. Der Strahlungsnebel bildet sich bei klarem Himmel und höchstens schwachem Wind in den kühlen Jahreszeiten. Der Nebel kann in Form von für den Verkehr gefährlichen Nebelbänken auftreten, relativ weite Niederungen zudecken oder als Hochnebel vorkommen.

Beim Advektionsnebel wird feuchtwarme Luft über einer kühlen Unterlage abgekühlt. Er ist die dauerhafteste Nebelform und zeigt keinen Tagesgang.

Seerauch entsteht dann, wenn kalte Luft mit wesentlich wärmerem Wasser in Berührung kommt. Die unterste Luftschicht wird erwärmt und labilisiert. Die wärmer und feuchter gewordene Luft steigt in Blasen auf und vermischt sich mit der kalten, so daß es zur Kondensation kommt.

Turbulenzen können auch Nebel auslösen, anstatt ihn aufzulösen. Im nebelauslösenden Fall wird feuchte Luft durch Turbulenzen von oben nach unten transportiert. Dadurch kann die Wolkenbasis bis zum Boden absinken.

Es kommt darauf an, in welchem Verhältnis die kalte trockene Luft in die Mischung eingeht. Je nach Mischungsverhältnis lösen sich die Nebelschwaden auch sehr knapp über der Wasseroberfläche wieder auf. Manchmal, wenn die kalte Luft ausreichend labil geschichtet ist, kann die Erwärmung von unten Anlaß zu Konvektion geben, mit Cumuli oder Stratocumuli in geringer Höhe.

Normalerweise wirken kräftige Turbulenzen nebelauflösend. Sie können jedoch auch Nebel produzieren, und zwar dann, wenn die Turbulenzen die feuchte Luft von tiefen Wolken bis zum Erdboden transportieren. Bei entsprechend geringer Temperaturzunahme nach unten kann aus den Wolken **Turbulenznebel** werden.

Den **orographischen Nebel**, den **Hang-** und **Talnebel** können Bergsteiger das ganze Jahr über in Hoch- und Mittelgebirgen erleben, vor allem aber in den Jahreszeiten, in denen das Kondensationsniveau im allgemeinen tief liegt, also im Herbst und Winter. Er kann sehr mächtig werden. Für sein Zustandekommen ist eine allgemeine Hebung entlang eines Berghanges verantwortlich. Zu Beginn der Hebung ist die Schichtung sehr stabil, denn andernfalls würden sich konvektive Wolken bilden, aber diese Schichtung wird im Laufe der Bewegung in die Höhe labilisiert. In der Regel kommt der orographische Nebel, der bei tiefem Kondensationsniveau das ganze Tal verhüllen kann, nur auf der Luvseite eines Berglandes vor. Auf der Leeseite löst er sich während des Abstiegs, bei feuchtadiabatischer Erwärmung, wieder auf (s. Kap. 7.1.1). Außerdem verliert die feuchte Luft auf der Luvseite häufig durch Nieselregen einen Teil ihrer Wasserfracht.

Vom **Frontnebel**, der letzten Nebelart, kann man überall in unseren Breiten eingehüllt werden, aber freilich wiederum weit überwiegend von Herbst bis Frühjahr. An einer Front, einer Luftmassengrenze, erstreckt sich die kühlere Luft wie ein Keil unter die wärmere. Fällt Regen aus der wärmeren, in die Höhe gedrängten Luftmasse, kann es geschehen, daß die Tropfen eine höhere Temperatur aufweisen als die kühle untere Luftmasse. Dann passiert dasselbe wie beim Seerauch: Es kann zur Kondensation kommen, und Nebel entwickelt sich, bevor die Front durchzieht. Gewöhnlich kommt der Frontnebel in Zusammenhang mit Warmfronten vor, ab und zu jedoch auch bei Kaltfronten. Gut ist nur, daß das mit ihm einhergehende nasse Schmuddelwetter meist nur von relativ kurzer Dauer ist, eben nur solange, bis die Front durchgezogen ist.

3.2.2 Wolkenstockwerke und Wolkenarten

Die **Wolken** kennzeichnen nicht nur den augenblicklichen Zustand des Wetters, sie zeigen auch die Vorgänge in der Atmosphäre an. Daher lassen sie eine Beurteilung der Stabilitäts- bzw. Schichtungsverhältnisse der Atmosphäre zu. Sie geben Aufschluß über vertikale und horizontale Luftströmungen in verschiedenen Höhenlagen und liefern damit deutliche Hinweise auf die weitere Wetterentwicklung. So läßt sich zusammen mit Beobachtungen anderer meteorologischer Elemente am eigenen Standort, wie vor allem der Luftdruckentwicklung, aber auch der Temperatur und der Luftfeuchtigkeit, eine gute Wetterprognose für den kommenden Tag erstellen, oft sogar für die nächsten zwei Tage und manchmal darüber hinaus.

Wolken sind nichts anderes als Nebel in der Höhe: eine Anhäufung von atmosphärischen Kondensations- oder Sublimationsprodukten des Wasserdampfes, also von Wassertropfen oder Eiskristallen, oft auch von beiden gleichzeitig.

Die **Tropfenradien** in den Wolken messen im Durchschnitt 2 bis 10 μm (0,002 bis 0,01 mm). In einigen Wolken kommen sogar Tropfen mit 3 mm Radius vor, die als Regentropfen auch noch in der Schwebe gehalten werden oder als mehr oder weniger große Eiskugeln. Wie der Nebel kann eine Wolke lichter oder dichter sein, sehr mächtig oder sehr dünn. Die Wolkenuntergrenze kann in den unterschiedlichsten Höhen liegen: nahe am Erdboden oder nahe der Tropopause – die seltenen Wolken der Stratosphäre sollen hier übergangen werden.

Wolken entstehen überwiegend bei Anhebung der Luft und der dadurch bedingten adiabatischen Abkühlung unter den Taupunkt. Die **Hebung** kann auf unterschiedliche Weise geschehen:

- Sie kann durch **Konvektion** ausgelöst werden, durch lokal nach oben gerichtete Winde oder

- durch eine **allgemeine Hebung** einer gesamten Luftschicht von mehreren Kilometern Mächtigkeit oder auch

- durch **Umwälzungen**, die in kleinen Zellen einer bestimmten Luftschicht stattfinden.

Da die Temperaturen der Troposphäre, in der Wolken auftreten, zwischen etwa 20 und minimal –80 °C liegen, können sowohl Wasserwolken als auch Eiswolken entstehen sowie eine Kombination beider.

Die verschiedenen Hebungsvorgänge und Kondensationsprodukte verleihen den Wolken ihr unterschiedliches Aussehen. Es gibt mehrere

Möglichkeiten, Wolken in Gruppen einzuteilen. Zum einen wäre eine Gliederung unter dem Gesichtspunkt der Entstehung möglich. Aber es ist wesentlich einfacher, sie entsprechend ihrem Aussehen zu klassifizieren. In den staatlichen Wetterämtern richtet man sich ausschließlich nach der internationalen Wolkenklassifikation, aufgestellt nach morphologischen Gesichtspunkten von der Weltorganisation für Meteorologie. Sie gibt den internationalen Wolkenatlas heraus.

Gemäß der von der Weltorganisation ausgegebenen Einteilung unterscheidet man zwischen **tiefen, mittelhohen** und **hohen Wolken,** je nach ihrer Höhe über dem Erdboden. Manche Wolken haben allerdings eine Höhenerstreckung, die über alle Wolkenstockwerke reicht.

Für die gemäßigten Breiten gelten folgende Höhenlagen:

- 0 bis 2 km: tiefe Wolken
- 2 bis 7 km: mittelhohe Wolken
- 7 bis 13 km: hohe Wolken
- 0 bis 13 km: Wolken mit großer vertikaler Mächtigkeit

In bezug auf ihr Aussehen werden drei Hauptformen unterschieden:

- Haufenwolken mit überwiegend vertikaler Erstreckung,
- mehr oder weniger ausgedehnte Schichten oder Schollen,
- faserige oder schleierartige Wolken.

Mit Hilfe dieser Kriterien lassen sich die Wolken in vier Gruppen einteilen, die insgesamt zehn Hauptarten von Wolken beinhalten:

1. **Hohe Wolken** (7 bis 13 km)
   - Cirrus (Ci)   –   faserig oder schleierartig
   - Cirrocumulus (Cc)   –   Schollen
   - Cirrostratus (Cs) –   schleierartig

2. **Mittelhohe Wolken** (2 bis 7 km)
   - Altocumulus (Ac)   –   Haufenwolken oder Schollen
   - Altostratus (As)   –   Schichten

3. **Tiefe Wolken** (Boden bis 2 km)
   - Stratocumulus (Sc)   –   Haufenwolken oder Schollen
   - Stratus (St)   –   Schichten

4. **Wolken** mit **großer vertikaler Erstreckung**
   - Nimbostratus (Ns)   –   dicke Schichten
   - Cumulus (Cu)   –   Haufenwolken
   - Cumulonimbus (Cb)   –   Haufenwolken

Diese zehn Wolkenarten genügen im allgemeinen. Die über 100 Sonderformationen, die noch hinzukommen, sind nur für den Meteorologen

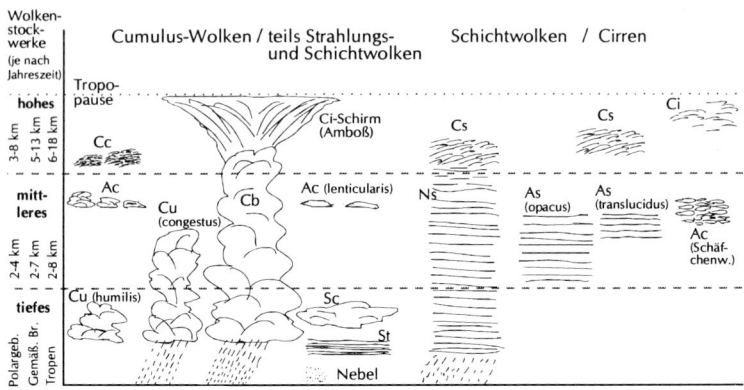

Abb. 34   Die wichtigsten Wolkenarten und ihre Höhenlagen.

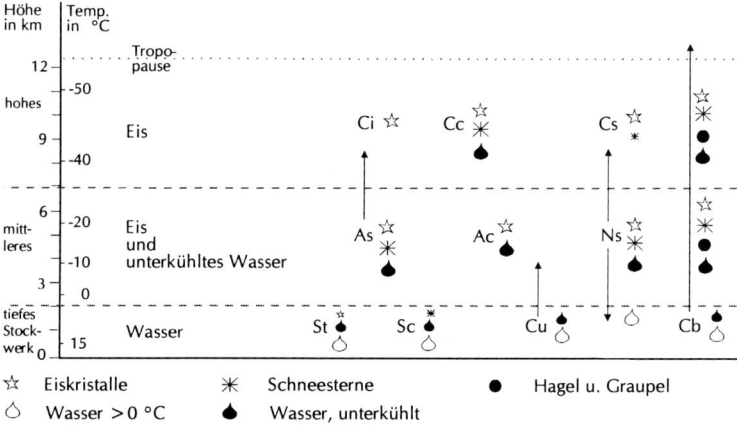

Abb. 35   Die Temperatur- und Höhenbereiche der Wolkenarten und die Art der Wolkenbestandteile.

interessant. Und im Gegensatz zu den Cumuli sind die Stratuswolken ein Zeichen für stabile Verhältnisse.

Die Höhenlage der hohen Wolken reicht in den tropischen Breiten wegen der ausgedehnteren Atmosphäre von 6 bis 18 km. Die oben erwähnten leuchtenden Nachtwolken der Stratosphäre sind für das Wetter bedeutungslos; sie befinden sich in ca. 80 km Höhe beim Übergang zur Thermosphäre.

Wolken des höchsten Stockwerkes tragen die Vorsilben „**Cirrus**" bzw. „**Cirro**", denjenigen des mittleren Stocks werden die Vorsilben „**Alto**" vorangestellt.

3.2.3 Beschreibung der Wolkenarten

Im Rahmen dieses Buches beschränke ich mich im wesentlichen auf die **Hauptwolkenarten.** Um alle mit Nameen versehenen Wolken voneinander unterscheiden zu können, müßte man den Wolkenatlas zum Studium heranziehen. Nur dort, wo es notwendig und sinnvoll erscheint – ein dehnbahrer Begriff –, sollen Wolken mit einer Namenserweiterung dargestellt werden. Im allgemeinen kommt man in der Praxis als Nichtmeteorologe sehr gut mit den zehn Hauptwolkenarten aus. Bestimmte Mischformen und häufig vorkommende Unterarten werden genannt, aber man kann sie auch selbst leicht in die Liste der Hauptwolkenarten einordnen.

– **Cirrus – Ci –** (Federwolke)

Sie ist eine hohe Wolke von faserigem, federartigem Aussehen und besteht zur Gänze oder zum allergrößten Teil aus Eiskristallen. Oft erscheint sie von starken Höhenwinden verweht und, da sie keine Wasserwolke ist, ohne scharfe Konturen. Meist ist sie sehr dünn, so daß die Sonne durchscheint und sie selbst eine blendend weiße Farbe zeigt. Manchmal erzeugt sie einen Halo-Effekt, einen Ring um die Sonne.

Häufig schweben am Himmel künstlich erzeugte Cirren: Kondensstreifen der hochfliegenden Strahlflugzeuge. Im oberschwäbischen Raum z. B., wo sich Luftverkehrsstraßen kreuzen, sind sie bei entsprechender Wetterlage, bei der sie sich über einen langen Zeitraum hinweg halten, oftmals sehr eng beieinander zu beobachten, und wenn sie ein starker Höhenwind verweht, erhält der Himmel eine weiße durchbrochene Wolkenschicht.

– **Cirrocumulus – Cc –** (zarte Schäfchenwolke)

Sie ist oft schwer von den tiefer liegenden Altocumuli zu unterscheiden. Beide gehören zu den Schichtwolken, unterteilt in kleine Wolkenballen oder -bändern. Cirrocumuli kommen häufig zusammen mit Cirren vor. Sie sind überwiegend aus Eiskristallen zusammengesetzt, beinhalten aber vorübergehend vor allem auch unterkühltes Wasser. Die von ihnen ab und zu ausfallenden

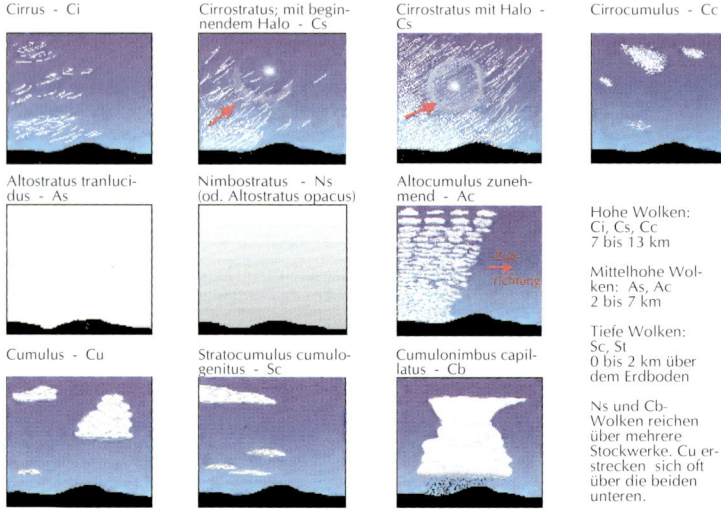

Abb. 36   Die wichtigsten Wolkenarten im Überblick. Sie können einzeln, zusammen, in verschiedener Ausprägung und in einer Reihe von Unterarten auftreten. Die hohen Wolken sind in der oberen Reihe dargestellt. Von den 10 wichtigsten Wolkenarten sind die Stratuswolken nicht wiedergegeben - sie würden sich in der Zeichnung nicht von As- oder Ns-Wolken unterscheiden. Bei den Cs-Wolken wurde eine Halo-Erscheinung skizziert. Allgemein bilden Wasserwolken einen relativ scharfen Rand, Eiswolken hingegen weisen meist eine faserige Begrenzung auf.

Fallstreifen erscheinen als gewöhnliche Cirren. Nur manchmal ist bei ihnen ein Haloeffekt zu erkennen.

– **Cirrostratus** – **Cs** – (Schleierwolke)

Diese Wolkenart besteht im wesentlichen aus Eiskristallen. Die schleierähnliche Wolke ist im allgemeinen sehr dünn, daher läßt sie die Sonne sehr deutlich durchschimmern und ist von weißer Farbe. Ihre Struktur ist faserig, oft auch glatt und konturlos. Bei ihr entstehen am häufigsten Halophänomene, das sind farbige oder auch nichtfarbige Ringe, Bögen, Lichtflächen oder -punkte am Himmel, hervorgerufen durch die Brechung oder Spiegelung, aber auch durch Beugung des Sonnenlichts an den Eiskristallen. Sehr oft ist der Ring im Abstand von 22° um die Sonne zu beobachten, seltener der größere, welcher im Abstand von 46° erscheint. Manchmal kommen Halos als Nebensonnen vor, als Gegensonnen oder als Lichtsäulen. Am zahlreichsten und formschönsten stehen sie im späten Frühjahr am Himmel.

Gelegentlich kann der Cirrostratus eine scharfe Grenze gegen den wolkenfreien Himmel haben. Sehr häufig geht die Cs-Wolkendecke in einen mit Altostratus verhangenen Himmel über, so wie es beim Herannahen einer Warmfront meist zu studieren ist.

Die unter den oben aufgeführten Wolkenarten liegenden mittelhohen Wolken beinhalten, wie aus Abb. 35 hervorgeht, sowohl Wassertropfen als auch Eiskristalle, Schneesterne und Graupelkörner. Natürlich kommen nicht alle Zustände in sämtlichen Wolkenarten dieses Stockwerks vor.

- **Altocumulus – Ac –** (grobe Schäfchenwolke)

Die grobe Schäfchenwolke besteht überwiegend aus unterkühlten Wassertröpfchen und erscheint weiß, aber auch grau oder in beiden Farben. Meist wirft sie einen Schatten. Altocumuli zeigen sich in der Regel in ausgedehnten Schichten oder Schollen, welche normalerweise in eine große Anzahl von Ballen, Wogen oder in parallele Bänder unterteilt sind. Bisweilen weisen sie einzelne nach oben gerichtete Auswüchse auf, welche durch besonders kräftige Konvektion zustande kommen. Manchmal wachsen sie auch zusammen, dabei sind sie zwar immer noch als Ac-Wolken zu erkennen, jedoch handelt es sich hierbei um eine Übergangsform zum Altostratus.

Teilweise ist es schwer, sie von der Stratocumuluswolke zu unterscheiden. Man kann sich damit behelfen, indem man die Wolkenhöhe abschätzt, denn die Sc-Wolke ist in geringerer Höhe angesiedelt, wodurch ihre Einzelheiten deutlicher zu erkennen sind.

- **Altostratus – As –** (Schichtwolke)

Diese andere der beiden mittelhohen Wolken zeigt sich gewöhnlich als graues Wolkenfeld von sehr einförmigem Aussehen, manchmal auch mit Streifen oder Fasern, mit einem Stich ins Bläuliche. Die Wolke ist anfangs so dünn, daß die Sonne wie durch eine Mattscheibe hindurchscheint. Aber geht sie kontinuierlich in eine dichte graue Schicht über, beginnt alsbald Niederschlag zu fallen. Sie enthält gleichzeitig unterkühlte Wassertröpfchen und Eiskristalle. Sie kann auch bis in das hohe Wolkenstockwerk reichen und dort Cirren bilden.

Die Untergrenzen der folgenden tiefen Wolken liegen in unseren Breiten gewöhnlich.500 bis 2.000 m über der Erdoberfläche.

- **Stratocumulus** – **Sc** – (Haufenschichtwolke)

  Der Stratocumulus kann als graue oder weißliche, wattebauschartige Wolke mit grauen Stellen vorkommen, als relativ dünne Schicht oder in Schollen oder Walzen, zwischen denen der blaue Himmel mehr oder weniger deutlich sichtbar ist. Er ist im wesentlichen eine Wasserwolke, aus der im Normalfall kein Niederschlag fällt.

- **Stratus** – **St** – (Schichtwolke)

  Sie beginnt selten höher als 500 m über dem Boden. Ihre Untergrenze erscheint nie scharf, daher sieht sie wie Nebel aus, der nicht bis zum Boden reicht. Aus ihr fällt relativ häufig Niederschlag, in Form von Nieselregen, kleinen Eiskristallen oder kleinen Schneekörnern.

- **Nimbostratus** - **Ns** - (Regenwolke)

  Eine ausgesprochene Regen- oder Schneewolke ist der Nimbostratus. Sie weist eine große horizontale und vertikale Erstreckung auf. Ihre Basis liegt gewöhnlich etwa 1.000 m über Grund und reicht mit ihrem oberen Teil bis in das höchste Stockwerk. Dabei kann sie in mehrere Schichten aufgeteilt sein, dazwischen mit wolkenfreien Lagen. Man erkennt sie von unten an ihrem dunklen Aussehen, ihren unscharfen Konturen, wobei unter ihrem unteren Rand oft niedrige, zerfetzte Wolken hängen. Sie tritt in Zusammenhang mit einer Warmfront auf (Kap. 4.1.1).

- **Cumulus** – **Cu** – (Haufenwolke)

  Sie sieht ganz anders aus als die zuletzt beschriebene, denn sie entsteht durch Konvektion (Kap. 5.1.8) Sie hat eine recht ebene Unterseite, und ihre blumenkohlartigen Auswüchse sind sehr scharf begrenzt. Von der Sonne beleuchtet, erscheint sie strahlend weiß. Im Sommer liegt ihre Basis zwischen 1.000 und 2.000 m über dem Land, über dem Meer und im Winter dagegen bloß einige 100 m.

  Cumuluswolken erscheinen in einer Vielzahl von Unterarten, auf die weiter unten z. T. eingegangen wird. Die typischen Schönwetterwolken des Sommers sind Cu humilis und Cu mediocris. Cumuli können bei entsprechender Schichtung und vorhandener Energie sehr mächtig werden und zur Cumulonimbus werden.

- **Cumulonimbus** – **Cb** – (Gewitter- oder Schauerwolke)

  Ist eine Cumuluswolke zum Cumulonimbus geworden, kann erwartet werden, daß bald kräftige, häufig gewittrige Nieder-

Abb. 37

schläge, nicht selten mit Hagel, niedergehen. In ihr können sämtliche Wolken- und Niederschlagselemente vorkommen: Wasser- und Regentropfen, Graupel- und Hagelkörner und im oberen Teil, dem Amboß, der sich unter einer Inversion, meist der Tropopause, blendend weiß und faserig ausbreitet, Eiskristalle. Gelegentlich sind die Aufwinde in ihr derart stark, daß die Tropopause durchstoßen wird.

Die oben beschriebenen zehn Hauptarten von Wolken werden von den Meteorologen noch in speziellere Wolkenarten bzw. Unterarten eingeteilt, indem ihren Namen ein weiterer angefügt wird. Dadurch wird ihr Aussehen durch Details genauer beschrieben. Einige werden hier erläutert:

– **Cirrus fibratus**

Schönwettercirren; ungeordnete faserige Federwolke ohne Verdichtungstendenz (s. Abb. 50).

– **Cirrus uncinus**

Dünne Bänder aus Cirren, die sich am Ende infolge hoher Windgeschwindigkeit nach oben abbiegen. Häufig zeigen sie aufkommendes Schlechtwetter an.

Abb. 38

- **Cirrus spissatus**
  Dichte schleierähnliche Bänke.

- **Cirrostratus nebulosus**
  Diffuse, strukturlose Cirrostratuswolke.

- **Cirrostratus fibratus**
  Faserige Cs-Wolke mit Struktur.

- **Altocumulus translucidus**
  Schönwetterform; flache und relativ kleine Wolkenteile.

- **Altocumulus opacus**
  Dichte Wolkendecke, an deren Unterseite eine Unterteilung in Wellen erkennbar ist.

- **Altocumulus lenticularis**
  Linsenförmige Altocumuli mit scharfen Rändern und glänzender Oberfläche. Sie sind im Gebirge oft zu sehen, da sie in Leewellen entstehen.

Abb. 39

- **Altocumulus floccus**

  Cumulusähnliche Wolkenteile, die auf Labilität hindeuten und auf Gewittergefahr hinweisen.

- **Altostratus translucidus**

  Dünne Wolkendecke, durch welche Sonne und Mond durchscheinen.

- **Altostratus opacus**

  Dichte Altostratusdecke; auch die Sonne ist nicht hindurchzusehen. Aus ihr fällt bei Verdichtung Niederschlag.

- **Cumulus humilis**

  Flacher Schönwettercumulus, von dem keine Niederschläge zu erwarten sind (s. Abb. 37).

- **Cumulus mediocris**

  Schönwettercumulus mit mäßiger vertikaler Erstreckung (s. Abb. 38).

– **Cumulus congestus**

Hoch aufgetürmter, mehrere Kilometer mächtiger blumenkohl-
ähnlicher Cumulus. Aus ihm fällt kaum Niederschlag, aber er kann
schnell zum Cumulonimbus heranwachsen (s. Abb. 39 und 59).

3.2.4   Die Entstehung der Wolkenarten

Die wirksamste Kondensation tritt, wie schon an anderer Stelle dargelegt
wurde, dann auf, wenn die Luft angehoben wird. Dabei verstärkt die
Kondensation durch Wärmefreisetzung, bei entsprechender Labilität der
Schichtung, die vertikale Bewegung oft in erheblichem Ausmaß. Die
Hebung der Luft kann bis in sehr große Höhen erfolgen, und da dort die
Umgebungstemperaturen sehr tief werden, kann die mitgeführte Feuchtig-
keit zum größten Teil kondensieren.

Wenn man die Wolken nach ihrer **Entstehungsart** einteilen will, geht
man am besten von der Intensität der **Kondensation** aus. Sie kann
schwach, mäßig oder stark sein.

Schwach ist sie bei turbulenter Durchmischung, die auf eine relativ dünne
Schicht begrenzt ist. Mäßige Kondensation findet beim Aufgleitvorgang
entweder an einer Frontfläche oder an einem größeren Terrainhindernis
statt. Zur starken Kondensation ist eine konvektive Hebung notwendig.

Dynamische Turbulenzen, Bewegungen, die oft unter einer Inversion
vorkommen, verursachen häufig eine meist relativ flache Wolkendecke
– manchmal allerdings, vor allem im Winter, kann sie recht dick werden
und Schnee fallen lassen. Die Turbulenzen transportieren Luftkörper aus
niedrigeren Schichten in die Höhe, wo der Taupunkt erreicht werden
kann. Die Obergrenze der Wolken liegt dann unter der Inversion (Abb.
40 c und d). Innerhalb der Wolken können sich die turbulenten Bewegungen natürlich kräftig erhöhen, denn die Wolkenoberseite kühlt sich durch
Ausstrahlung ab, sofern der Himmel darüber klar ist, während ihre
Unterseite Wärme zugeführt bekommt. Auf diese Weise entwickelt sich
oftmals eine dichte **Stratocumulus**- (Sc opacus), aber auch eine **Altocumulus**wolkendecke. **Cirrocumuli** kommen auf dieselbe Weise zustande.

Bei geringen Turbulenzen und feuchter Luft bilden sich **Stratuswolken**.
Sind die Turbulenzen dagegen sehr vehement, kann es vorkommen, daß
die Wolkentropfen während ihrer schnellen Abwärtsbewegung erst weit
unterhalb des Kondensationsniveaus wieder verdunsten, so daß Wolkenfetzen (Stratus fractus) unter der Hauptwolke rasch dahinziehen.

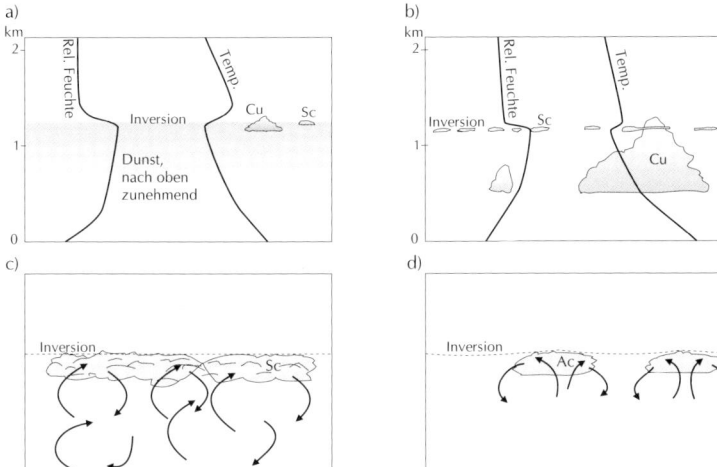

Abb. 40   Inversion mit Dunst und Wolkenbildung. Unterhalb der Inversion spielen Reibungsvorgänge und die Konvektion eine große Rolle. Im allgemeinen sind dynamische Turbulenzen und Konvektion nebeneinander wirksam, manchmal liegen sie jedoch etwas auseinander. In a) und b) ist der turbulent durchmischte Raum direkt über dem Boden wolken- und dunstfrei. Der darüber liegende, im wesentlichen von der Konvektion bestimmte Raum ist von zunehmenden Kondensationsvorgängen gekennzeichnet. In c) führen Turbulenzen unter einer relativ niedrig gelegenen Inversionsschicht zu einer mehr oder weniger dichten Sc-Wolkendecke, und in d) verursachen Turbulenzen einer dünnen Schicht in der Höhe die Bildung von Altocumuli.

Manchmal können aus zunächst relativ flachen **Strato-** und **Altocumuli** reine **Cumulustypen** mit großer vertikaler Erstreckung werden, und zwar dann, wenn sie es fertigbringen, die Inversion zu durchstoßen und wenn über dieser die Schichtung labil ist.

Mäßige Kondensation tritt bei geordneter Hebung der Luft ein, beim Aufgleitvorgang einer Luftmasse auf eine andere, also wenn warme Luft sich über kalte schiebt, so wie es bei einem Tiefdruckgebiet der Fall ist. Die Geschwindigkeit, mit der dies in vertikaler Richtung geschieht, fällt mit 5 bis 20 cm/s recht gering aus, wenn man sie in Relation zu den Aufwinden in Cumuli setzt, denn die können bis über 30 m/s schnell sein. Aber dafür halten die Vertikalbewegungen bei geordneter Hebung lange an.

Bei der langsamen und ununterbrochenen Hebung von mächtigen Luftmassen kommt es vor, daß das Kondensationsniveau nicht in allen

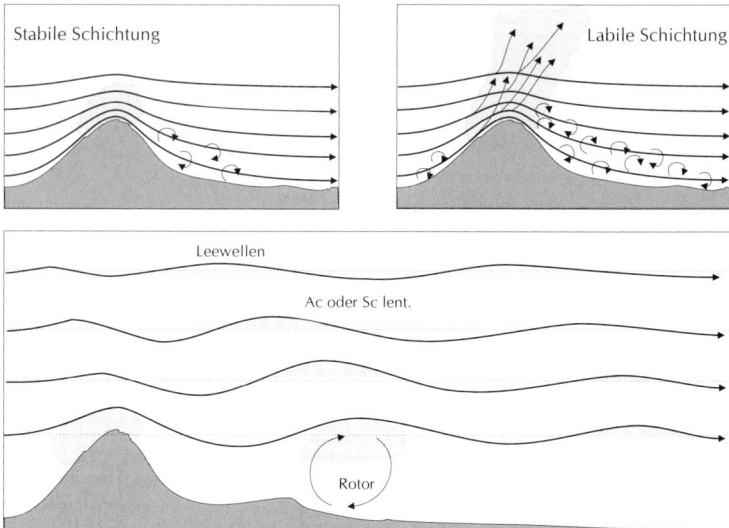

Abb. 41   Auf der Leeseite von Gebirgen kommt es nicht nur zu Föhn, sondern häufig auch zu Leewellen, d. h. zu intern stehenden Wellen, deren Amplitude mit wachsender Entfernung geringer wird. Dabei können Wolken in den Wellenbergen entstehen, während es in den Wellentälern wolkenfrei ist. Oft liegen ganze Serien von parallelen Wolkenbändern senkrecht zur Strömungsrichtung hintereinander. Die gebildeten linsenförmigen Wolken sind in der Regel Altocumuli lenticularis, aber auch Stratocumuli lent. Meist entstehen die Wolken unter einer Inversion, die an der Wellenbildung teilnimmt, daher wirken die Wolken wie glatt poliert. Bisweilen kommen auch mehrere Inversionen vor, unter denen derartige Wolken stehen. Solche Wolken sind orographische Wolken. Sie stehen praktisch am selben Ort - sie folgen nicht der Luftströmung.
In den unteren Luftschichten können die Wellen so stark werden, daß ein Wirbel mit horizontaler Achse entsteht, ein Rotor.

Schichten gleichzeitig erreicht wird. Die solcherart geformten großen Wolkensysteme sind daher zunächst vielfach aus mehreren übereinanderliegenden Wolkenschichten aufgebaut. Die Wolkenarten, die dabei auftreten, sind **Cirrus, Cirrostratus, Altostratus, Altocumulus** und **Nimbostratus**. In Kap. 3.3 werden die Wolken in Zusammenhang mit dem Durchzug einer Zyklone näher besprochen.

Auch das Relief der Erdoberfläche kann der Auslöser für den Auftritt von Wolken werden. Führt die Luftströmung über eine Bergkette, wird die

Luft natürlich gehoben. So sind auf der Luvseite sind die dicksten Wolken zu finden – vom **Cumulus**- oder **Cumulonimbustyp**, mit oder ohne Niederschläge. Auf der Leeseite lösen sich die Wolken während ihres Absinkens wieder auf. Darauf wird in Kap. 7.1.1 näher eingegangen.

Ist die Schichtung stabil, wird eine sehr mächtige Schicht, die bis in die Stratosphäre reichen kann, über dem Hindernis angehoben, daher können, je nach Schichtung und Inversionen, in verschiedenen Höhenlagen Wolken entstehen. Die unteren, am Berghang sich bildenden Wolken reichen jedoch wegen der Stabilität nicht sehr hoch, und wenn es überhaupt Niederschlag gibt, fällt der relativ gering aus. Anders verhält es sich damit, wenn die Schichtung labil ist, denn in dem Fall kommt es in der Regel zu mächtigen **Cumulonimbuswolken** (Abb. 41).

Hinter dem Hindernis bilden sich stehende Wellen, die mit wachsender Entfernung von ihm flacher werden. In den Wellenbergen können sich Wolken bilden, sofern das Kondensationsniveau bzw. der Taupunkt erreicht wird, in den Wellentälern lösen sich diese wieder auf. Im Voralpengebiet sind solche Wellen bei Föhnlagen, vor allem im Frühjahr und im Herbst, bisweilen zu sehen. Sie sind linsenförmig, vom Typ **Altocumulus lenticularis**, leuchten sehr hell und wirken, wenn sie unter einer Inversion hängen, wie glatt poliert. Ist die Strömung relativ stark, kann hinter der Bergkette ein Rotor entstehen mit einer großen Wolke.

Solche orographische Wolken wandern nicht mit der Luftströmung. Sie bleiben solange bestehen, bis die Strömung und mit ihr die Wellen sich ändern. Ab und zu können Wellen und Wolken auch durch eine sich rasch nähernde Kaltfront ausgelöst werden.

Am stärksten fällt die Kondensation bei der Bildung von **konvektiven Wolken** aus. Konvektion wird im wesentlichen durch die Erwärmung der Luftschichten direkt über dem Erdboden verursacht. Je nach den Schichtungsverhältnissen und dem Grad der Erwärmung entstehen mehr oder weniger mächtige **Cumuli**.

Im allgemeinen bewegen sich die Aufwinde unter der Wolke mit einer Geschwindigkeit von etwa 1 m/s nach oben, aber innerhalb des Cumulus erhöht sich die Geschwindigkeit auf bis zu 5 m/s im Normalfall. Manchmal allerdings kommt es zu Vertikalgeschwindigkeiten von 20 bis 30 m/s und darüber hinaus. Bei all diesen Geschwindigkeiten ergibt sich heftige Kondensation.

Die **konvektive Hebung** beginnt mit einer **Warmluftblase** in der klaren Luft. An ihren zerrissenen Seiten wird durch Verwirbelung trockene und kühlere Luft in die aufsteigende Warmluftblase einbezogen. Der Aufstieg wird also angestoßen und am Leben erhalten von der Erwärmung nahe der Erdoberfläche und von der Mischung mit der kühleren Umgebungsluft. Dabei spielen natürlich auch die Schichtungsverhältnisse der Atmosphäre eine wesentliche Rolle. Freilich ist die Konvektion bei weitem nicht immer von Kondensation begleitet, ihr kann auch unterhalb des Kondensationsniveaus die Kraft ausgehen. Man braucht dann nur die segelnden Greifvögel zu beobachten, um zu erkennen, wo **Blauthermikschläuche** anzutreffen sind. Flugzeuge werden beim Durchfliegen der Thermik durch plötzliche Stöße geschüttelt.

Eine feuchtlabile Schichtung läßt etwa 1 km mächtige **Cumuli mediocris** sich in mehrere Kilometer hohe **Cumuli congestus** verwandeln. Die Ähnlichkeit mit einem Blumenkohl verdanken diese Wolken den Blasen, die in ständiger Folge ihr Aussehen verändern.

Die Konvektion muß nicht unbedingt von der Erdoberfläche ausgehen. Manchmal ist die Schichtung über einer Inversion labil, und wenn der Labilitätsgrad groß genug ist, kann bereits eine kleine Störung ausreichen, um Turbulenzen mit Cumulusbildung zu initiieren. Eine Wellenbildung im Bereich der Inversion, die Luft verschiedener Dichten voneinander trennt, kann dazu der Anlaß sein. Bemerkt man, daß die Wolkendecke, meist **Altocumuli**, die Inversion an einzelnen Stellen durchbricht und sich die Cumuli rasch weiterentwickeln, ist das ein Hinweis auf große Labilität und auf eine damit einhergehende hohe **Gewitterbereitschaft**.

Mit dem Niederstürzen ihrer Wasserfracht muß man bei **Cumuli** dann rechnen, wenn sie in ihrem oberen Teil vereisen. Hat man eine **Cumulonimbuswolke** vor sich, muß man auf jeden Fall auf Niederschlag gefaßt sein, auf Regenschauer und Hagel oder Schneeschauer. Die Schauer werden meist sehr intensiv, aber insgesamt doch nur von kurzer Dauer sein.

Wo ist mit vom Boden ausgehender **Thermik** am ehesten zu rechnen? Die schnellste Erwärmung findet natürlich an sonnenexponierten Berghängen, über Felsen, Feldern, Städten und auch Wiesenflächen statt, insbesondere, wenn diese trocken sind. Abwindzonen sind alle kühleren Orte, wie Wälder – Laubwälder eher als Nadelwälder – und vor allem Wasserflächen.

Auch wenn **Cumuli** durch Aufwinde entstehen, hat nicht jeder einen Thermikschlauch an seiner Unterseite. Nur solange sie noch klein sind und/oder sichtlich wachsen, stehen sie mit einem „Bart" in Verbindung. Unter großen weißen Haufenwolken findet man oftmals keinen mehr. Allgemein ist an einem schönen Sommertag gegen Mittag eine Vermin-

Tabelle 2   Wolkenbildung durch Konvektion bei schönem Wetter. Bei antizyklonal beeinflußtem Wetter läuft die Bewölkung im Tagesverlauf in einem typischen Rhythmus ab, da sie im wesentlichen von der Sonneneinstrahlung ausgelöst wird.

	Sommer		Frühjahr / Herbst	Frühjahr	Herbst	Winter	
	über Land	über See	über Land	über See	über See	über Land	über See
Morgens	wolkenlos	wolkenlos od. einzelne Wolk.	nebelig/trüb	kaum Wolken; Tagesgang. Die meist wärmere Luft kühlt sich nachts ab; Nebelbildung, außer bei geschlossener Wolkendecke	dunkle, tiefe Wolken	kaum Wolk.	tiefe Stratusbew. Je nach Wetterlage Veränder. Trüber Morgen: schöner Tag. Typ. Wolk.: Sc ➧ stabile Wetterlage. Im Mittelmeer: tiefe, große Cu am Morgen: gutes Wetter
Mittags	kleine Cu	Cu	sonnig, einzelne Cu		Auflösung	Tagesgang; Bewölkung von aktueller Wetterlage geprägt	
Nachmittags	zahlreiche größere Cu	weniger als über Land	unverändert		Bildung von Cu		
Abends	lösen sich auf	lösen sich langsam auf	lösen sich auf; Taubildung		größer werdende Cu; Schauer		

derung der Thermik zu beobachten, gerade dann, wenn die Bildung der Quellwolken am stärksten ist. Der Grund liegt in der Verminderung der Sonneneinstrahlung durch eben diese Wolken. Das Gelände kühlt sich ab, wodurch die Aufwinde nachlassen und die Wolken sich verkleinern, zum Teil wieder auflösen. Dadurch allerdings wird gegen Nachmittag die Sonneneinstrahlung wieder stärker, die Thermik verbessert sich erneut. Und weil es am Nachmittag wärmer ist als am Vormittag, steigt die Wolkenuntergrenze, das Kondensationsniveau, bis um 1.000 m an.

Am Abend kehren sich die Thermikverhältnisse um. Dort, wo tagsüber Abwinde vorherrschen, über den – feuchten – Wäldern und den Wasserflächen, die viel Energie speichern können, bilden sich nun Aufwindzonen, denn die trockenen, bis jetzt warmen Stellen kühlen rasch aus.

3.2.5   Die Niederschlagsarten

Regenfall ist an eine Reihe von Voraussetzungen geknüpft, von denen einige in Kap. 3.1 dargelegt wurden. Wie sieht es eigentlich in einer Wolke aus, wie groß sind die Tropfen, wieviel Wasser steckt in einer Wolke, und wie schnell können die Regentropfen fallen?

Freilich spielt bei der Fallgeschwindigkeit die Tropfengröße eine Rolle, und die hängt außer von der Feuchtigkeitsübersättigung der Luft von

Tabelle 3   Größe und Fallgeschwindigkeit von Hydrometeore

| Hydrometeore | Tropfenradius | | Fallgeschwindigkeit |
	mm	μm	m/s
Häufige Wolkentröpfchen	0,01	10	0,01
Nieselregentröpfchen	0,05 - 0,25	50 - 250	0,25 - 2,00
Regentropfen	0,25 - 2,50	250 - 2500	2,00 - 9,00
Eiskristalle und Schnee-sterne			0,30 - 0,70
Schneeflocken			1,00 - 2,00
Graupel			1,50 - 3,00
Hagel			5,00 - 30,00

wolkendynamischen Faktoren ab: Intensität der Vertikalbewegung, Turbulenzen, Temperatur, Aufenthaltsdauer der Tröpfchen in der Wolke etc. Diese Faktoren variieren innerhalb der Wolke beträchtlich und natürlich von Wolkenart zu Wolkenart.

Im Durchschnitt liegt der **Tropfenradius** zwischen 5 und 10 μm. In einem Schönwettercumulus beträgt der Radius-Mittelwert 9 μm (zwischen 3 und 83 μm), in einem Cumulus congestus 24 μm, im Cumulonimbus 20 μm (2 bis 100 μm), in Stratocumuluswolken 4 μm, im Nimbostratus 10 μm und im Stratus 5 μm. Der Wassergehalt einer kleinen Cumuluswolke beträgt im Mittelwert etwas weniger als 1 g/m^3, aber in Cumulus congestus und Cumulonimbus steigt er unter Umständen im Inneren bis auf über 4 g/m^3 an. Da die Wolken keine abgeschlossenen Räume sind, sondern von außen durch Turbulenzen trockene Luft zugeführt bekommen, ist der größte Wassergehalt im Zentrum der Wolken zu finden, am Rand sind die Zahlenwerte wesentlich niedriger. Stratocumuli und Stratuswolken beinhalten im Durchschnitt um 0,3 g/m^3. Ein im Sommer häufig vorkommender Cumulus congestus mit einem Volumen von etwa 80 km^3 – 4 km lang, 5 km breit und 4 bis 5 km hochragend – kann also leicht eine Wasserfracht von etwa 150.000 t tragen.

Die kleinen **Hydrometeore**, mit diesem Ausdruck werden alle flüssigen und festen Kondensationsprodukte bezeichnet, mit einem Radius bis etwa 20 μm, können leicht in der Schwebe gehalten werden. Erst wenn sie größer werden (s. Kap. 3.1), sind sie in der Lage, als Niederschläge zu Boden zu stürzen.

Ein fallender Tropfen nimmt bald eine gleichbleibende **Fallgeschwindigkeit** an, welche von seiner Größe abhängig ist. Gewöhnliche Wolkentröpfchen mit einem Radius von ca. 15 μm sinken nur wenige Zentimeter pro Sekunde. Der Maximalwert von ungefähr 8 bis 9 m/s wird von großen Regentropfen erreicht, bei einem Radius um 2500 μm (2,5 mm). Größer als etwa 5 mm im Durchmesser kann jedoch ein Tropfen nicht werden, da er ab diesem kritischen Wert während seines Fallens von seiner Oberflächenspannung nicht mehr zusammengehalten werden kann und infolgedessen zerstäubt. Die oben angegebenen Fallgeschwindigkeiten bedeuten jedoch nicht, daß die Hydrometeore innerhalb der Wolken tatsächlich mit diesem Tempo dem Boden entgegenstreben, denn in den Wolken herrschen ja Auf- und Abwinde. Ein entsprechender Aufwind ist in der Lage, sie in der Schwebe zu halten oder, wenn er stärker ist, in die Höhe zu treiben.

Eiskristalle kommen in vielfältigen Formen und Typen vor. Ihre Größe liegt normalerweise zwischen einigen 10 μm und mehreren Millimetern. Durch aneinanderhaftende Schneesterne können sich Flocken bilden.

Je nach Temperatur werden unterschiedliche Eiskristalle geformt. So kommen bei Temperaturen zwischen

–	0	und	–3 °C	dünne hexagonale Platten vor,
–	–3	und	–5 °C	Nadeln,
–	–5	und	–8 °C	Prismen mit Höhlungen,
–	–8	und	–12 °C	hexagonale Platten,
–	–12	und	–16 °C	dendritische Kristalle,
–	–16	und	–25 °C	Platten und zwischen
–	–25	und	–50 °C	Prismen mit Höhlungen.

Da ein Eiskristall auf seinem Weg zum Erdboden durch ungleich temperierte Luftschichten fällt, wird er in voneinander abweichenden Arten ausgebaut. Auch Hagelkörner entstehen, vor allem wenn es sich um größere handelt, nicht aus einem „Guß". Aus ihrem schalenförmigen Aufbau läßt sich ihre Bildung in verschieden temperierter Luft ablesen, d. h., daß sie mehrfach von starken Aufwinden in die Höhe gerissen und wieder in die Tiefe entlassen wurden.

4 Das Wetter
bei Tief- und Hochdruckgebieten

4.1 Durchzug einer Zyklone

4.1.1 Eine Warmfront zieht durch

Die Entwicklung eines Tiefs wurde bereits in Kap. 1.4.3 besprochen. Der Wetterablauf, den eine Zyklone verursacht, ist sehr abwechslungsreich. Wandert ein Tief, dessen Fronten noch nicht okkludiert sind, sich noch nicht eingeholt haben, über einen hinweg, so erlebt man den Durchgang von zwei verschiedenen Fronten, die das Wetter in höchst unterschiedlicher Weise prägen können.

Zunächst wird man von der **Warmfront** erreicht. Über einer Warmfront gleitet in aller Regel eine Warmluftmasse entlang der **Aufgleitfläche** auf, die sich über die momentan vorhandene kühlere Luftmasse in die Höhe zieht. Die Neigung der Fläche beträgt im allgemeinen zwischen 1:100 und 1:300. Die horizontale Geschwindigkeit beträgt meist um 10 m/s, was zu einer Hebung von ungefähr 5 bis 10 cm/s führt. Die Hebung oder besser der Aufgleitvorgang läßt ein charakteristisches Wolkensystem zustandekommen.

Zuerst erscheinen am Horizont als erste Vorboten des Tiefs bzw. der Warmfront die verwehten Cirren (s. Abb. 51), und zwar nicht in einzelnen, ungeordneten kleinen Feldern, sondern auf breiter Front, die den größten Teil des Horizonts, von wo das Tief kommt, einnimmt. Einzelne, kleine Cirrenfelder bedeuten gewöhnlich keine Wetterverschlechterung. Die aufziehenden Schlechtwetterboten treiben in etwa 7 bis 10 km Höhe meist aus West oder Nordwest näher, wobei die Warmfront, zu der sie gehören, um 500 bis 1.000 km weiter zurückliegt (s. Abb. 43). Hinter ihnen wird der Himmel verhangen, es erscheinen Cirrostratuswolken, die anfangs noch so dünn sind, daß die Sonne durchscheint. Oft ist ein 22°-Haloring zu beobachten, die Wolken bestehen also aus Eiskristallen. Zeigt sich ein solcher Ring – andere Halophänomene sind selten zu sehen –, ist in fast allen Fällen das bald kommende Schlechtwetter besiegelt.

Die Cirrostratus-Wolkendecke geht allmählich in Altostratus über (Abb. 52 und 56). Die Sonne ist noch immer schwach und diffus sichtbar, aber

Berichtigung

Wiedersich, Das Wetter

Durch einen technischen Fehler wurde ein Teil der Bildlegenden nicht gedruckt. Wir bitten Sie, das Versehen zu entschuldigen.

Bild 30   Nebel über den Tälern der schottischen Highlands

Bild 31   Inversion über dem Rienztal in Südtirol. Unter der Inversion bilden sich kleine Cumuli, und der Dunst verdichtete sich im Laufe der nächsten Stunden zu relativ dünnem Hochnebel. Die Basis der darüberliegenden Cumuli liegt bei etwa 2.100 m.

Bild 37   Cumulus humilis. Schönwettercumuli, die sich gegen Abend meist völlig auflösen.

Bild 38   Cumulus mediocris. Schönwetterwolke, die allerdings fast schon als Cumulus congestus gelten kann. Obwohl sie bereits eine große vertikale Erstreckung aufweist, fällt aus ihr noch kein Regen. Auch sie fällt gegen Abend in sich zusammen.

Bild 39   Cumulus congestus. Die Mächtigkeit ist beeindruckend, aber sie läßt keinen Niederschlag erwarten. Wäre sie schlanker, eher turmartig, dürfte sie sich zur Gewitterwolke auswachsen.

Bild 43   Cirrus, Cirrocumulus. Hier künden die ersten Cirren und vor allem Cirrocumuli eine Warmfront an. Der Kondensstreifen löst sich in Richtung Horizont nicht mehr auf. Bald darauf verdichteten sich die Cc-Wolken, aber es dauerte etwa 36 Stunden, bis die Warmfront mit Regen eintraf.

Bild 44   Aufzug einer Warmfront. Hoch oben sind Altocumuli, darüber nicht aufgelöste Kondensstreifen (Cc), und vom Horiozont her schiebt sich eine Decke aus Stratocumuli und Altostratus heran, die sich im weiteren Verlauf zur Regen bringenden Ns-Wolke entwickelte.

Bild 45   Cirrostratus, Cirrocumulus, Altocumulus, Altostratus. Die Warmfront ist sehr nah. Nur wenige Stunden später, noch am Abend, fielen die ersten Regentropfen.

Bild 46   Die Kaltfront kommt in Windeseile mit dichten, zusammengewachsenen Cumuli, aber noch ist es für kurze Zeit trocken und relativ warm. Die Kaltfront brachte starke Böen und heftige Schauer.

Bild 48   Cumuli hinter einer Kaltfront. Hinter der Kaltfront reißt die Bewölkung auf, die Cumuli werden am Horizont freundlicher. Im Vordergrund sind noch einige Stratus fractus-Wolken zu sehen.

Bild 50 Cirrus fibratus. Sind solche Cirren in vereinzelten Feldern zu sehen und bleiben die Kondensstreifen hinter den Flugzeugen nicht überall stehen, so bleibt das schöne Wetter noch eine Zeitlang erhalten.

Bild 51 Cirrus und Cirrocumulus. Ziehen Cirren, ungeordnet in Struktur und Dicke, am Himmel in einzelnen Feldern auf, läßt das nicht auf eine Wetterverschlechterung schließen, auch wenn Cc-Wolken dabei sind.

Bild 52 Cirrostratus, Altostratus. Aufzugsbewölkung. Noch scheint die Sonne durch, aber gegen den Horizont verdichtet sich die Wolkendecke mit As-Wolken. Am folgenden Morgen wird es regnen.

Bild 53 Cirrocumulus. Ziehen sie großflächig auf und zeigen eine Verdichgungstendenz, kommt Regenwetter. Die Wellen in der rechten Bildhälfte zeigen stabile Verhältnisse an, Warmluft gleitet auf kühlere auf - ein weiterer Hinweis auf das Herannahen einer Warmfront.

Bild 54 Altocumulus, Altostratus. Hinter der bereits relativ dichten Ac-Wolkendecke ziehen etwas tiefer As-Wolken auf, welche die Sonne nicht mehr durchlassen. Viel Wind und Regen ist zu erwarten.

Bild 55 Altocumulus. Großflächig aufziehende, sich verdichtende Altocumuli künden Regen und Wind an. So kann sich eine Kaltfront mitten im Warmluftsektor ankünden.

Bild 56 Altostratus. Die Wellenbildung zeigt deutlich den Aufgleitvorgang. Die Warmfront naht.

Bild 57 Stratocumulus. Eine dichte Sc-Wolkendecke breitet sich über den Himmel aus. An einzelnen Stellen schimmert das Himmelsblau durch. Es ist keine wesentliche Änderung des Wetters zu erwarten. Vor allem im Winterhalbjahr ist sie die häufigste Wolkenform.

Bild 58 Stratus. Völlig strukturlose Wolke, aus der häufig Nieselregen fällt.

Bild 59 Cumulus congestus. Die Wolke ist dabei, zur Cumulonimbus heranzuwachsen. Kurz nach dem Aufnahmezeitpunkt setzten Regenschauer ein.

Bild 60 Nimbostratus. Eine mächtige, daher dunkle Wolke, aus der ergiebige Niederschläge fallen.

Bild 93 Föhnfenster über der Schweiz am Bodensee. Von WNW - im Bild rechts - zieht das Tief heran. Links des Kirchturms ist der Säntis, rechts von ihm der Tödi und ganz rechts der langgestreckte Glärnisch zu sehen. Bis zum Tödi sind es vom Aufnahmepunkt aus ca. 140 km Luftlinie.

Bild 94 Der Föhn bricht zusammen. Die Aufnahme entstand 45 Minuten später als Abb. 93.

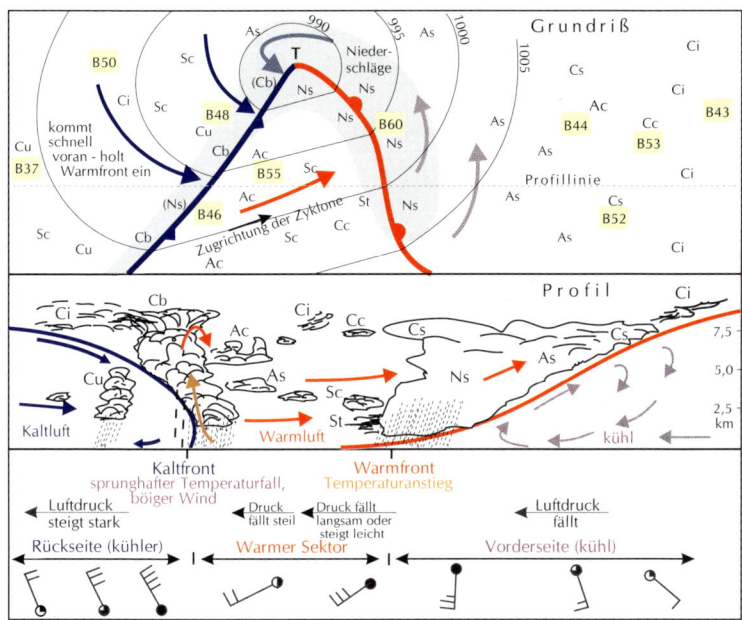

Abb. 42 Schematische Darstellung einer Zyklone. Die Zugrichtung ist im allgemeinen die Richtung, in der die Isobaren im Warmluftsektor verlaufen. Die ersten Vorboten der Warmfront sind meist zwischen 500 und 1.000 km vor ihr am Himmel zu sehen. Der Niederschlag aus der dicken Ns-Wolke kann über mehrere Tage hinweg anhalten. Die Zahlenangaben im Grundriß beziehen sich auf die Photos, wobei zu beachten ist, daß nicht alle Wolkenphotos während des Durchzugs einer bestimmten Zyklone gemacht wurden. Sie sind Beispiele möglicher Wolken im Zusammenhang mit einem Tiefdruckgebiet. Beim Aufgleiten der Warmluftmasse auf die kühlere vor ihr liegende wird die Strömung auf der Nordhalbkugel nach rechts abgelenkt und ist in größeren Höhen weitgehend parallel zur Front.

ohne Halo. Während des weiteren Aufkommens der Front wird die Altostratusdecke dicker, die Untergrenze senkt sich ab, und oft ziehen tiefe Stratocumuli auf. Nun dauert es nicht mehr lange, bis aus diesen Wolken die ersten Niederschläge fallen, denn in aller Regel trifft jetzt ein zu einem mächtigen Nimbostratus aufgebautes Wolkensystem ein. Der Nimbostratus besteht aus mehreren Schichten, die z. T., wie schon an früherer Stelle erwähnt, wolkenfrei sein können, welche jedoch, wenn der Regen eine Zeitlang andauert, von Wolken besetzt werden. Knapp

Abb. 43

bevor die Warmfront passiert, hören oft die Niederschläge kurz auf oder werden weniger.

Der Niederschlag vor der Warmfront fällt für gewöhnlich nur mäßig aus. Doch können sich innerhalb der Nimbostratuswolke Konvektionszellen bilden, da der Hebungsvorgang die Schichtung in der sich hebenden Luftmasse labiler werden läßt. Und wenn die Schichtung von vornherein eher feuchtlabil ist, können kräftige Cumuluswolken entstehen, welche die Niederschlagsintensität lokal erheblich verstärken und sogar zu Warmfrontgewittern führen. Der Niederschlag kann sehr lange andauern, den Begriff „Landregen" für einen ein- oder zweitägigen Regen kennt jeder.

Die Cirren und Cirrostratuswolken vor der Front liegen im Normalfall über der Frontfläche und entstanden durch Hebung der Luftschicht über der Aufgleitfläche. Die Warmfront selbst ist meist nicht besonders gut ausgeprägt, da in der unteren Schicht, nahe dem Erdboden, die kalte Luft zurückgehalten wird und die Warmluft in der Höhe darübergleitet. Nach dem Durchzug, also im **Warmluftsektor**, herrscht vor allem zur kalten Jahreszeit vielfach ein wolkenverhangener Himmel vor, mit Nieselregen, Nebel, zumindest aber mit stärkerem Dunst.

Abb. 44

Abb. 45

Natürlich können die Wetterverhältnisse im Einflußbereich einer Warmfront von Fall zu Fall recht stark voneinander abweichen. Trotzdem ist es gut möglich, das kommende Wetter anhand der Wolkenbilder vorherzusagen (s. auch Abb. 45). Manchmal läuft der Aufzug auch weniger ruhig, direkt spannend ab, wenn im Westen ein Wolkensystem aus Cirren, Cirrostratus, Altostratus zu sehen ist, während sich über einem und im Osten noch tiefblauer Himmel erstreckt. Das Interessante ist, daß die Kondensstreifen der Flugzeuge über dem Betrachter bestehen bleiben, stark verwirbelt und zu merkwürdigen Schlangenlinien verweht und auseinandergezogen werden. Man kann dabei zusehen, denn die Turbulenzen sind sehr stark und die Windgeschwindigkeiten hoch. In Richtung Osten jedoch lösen sie sich ab einer bestimmten Linie direkt hinter den Flugzeugen sofort auf – dort herrschen noch Hochdruckeinfluß und damit andere Verhältnisse. Dabei weht am Boden meist ein relativ kräftiger warmer Wind aus Süden. Ist die Warmfront durchgezogen, merkt man deutlich die Windrichtungsänderung. Solche Aufzüge können vor allem im Norden und Nordwesten Europas häufig beobachtet werden.

Noch besser gelingt die Wetterbeurteilung, wenn man nicht nur den Himmel betrachtet, sondern einen **Barographen** zur Verfügung hat und die **Luftdruckentwicklung** als Linie in Augenschein nehmen kann. Im Durchschnitt aller Fälle kann man von dem oben zunächst beschriebenen Wolkenaufzugs-Ablauf ausgehen.

Wenn die Cirren am Horizont auftauchen, weht der Wind, sofern sich das Tief aus West bis Südwest nähert, aus südwestlicher bis südlicher Richtung. Während der Luftdruck fällt, nimmt er an Stärke langsam zu. Wenn, noch vor der Front, die Wolken dichter werden, beginnen besonders im Winter, wegen der zurückgehenden Wärmeausstrahlung, die Temperaturen etwas zu steigen. Die vor allem zu den kühleren Jahreszeiten häufig vorhandene Bodeninversion wird vom immer frischer werdenden Wind weggeräumt. Ist die Front schon recht nahe – es regnet bereits –, kommt der Wind vielfach aus Süd bis Südost. Ist die Warmfront endlich angekommen, kann der Niederschlag aufhören oder wenigstens nachlassen. Dabei ist es zumindest stark dunstig oder nebelig trüb. Die Temperaturwerte nehmen zu, am Boden weniger als in der Höhe, und der Wind dreht nach rechts in Richtungen um Südwest, wobei er stark auffrischen kann, aber nicht muß. Der Luftdruckabfall verringert sich oder hört auf, die Barographenkurve kann aber auch leicht steigen. Insgesamt ist die von den Geräten aufgezeichnete Luftdruckkurve sehr weich, die Warmfront ist als flache Mulde oder Abflachung der nach unten gerichteten Linie zu sehen.

Es ist jedoch klarzustellen, daß der Durchzug einer Warmfront oft schwer feststellbar ist, eben weil die zuvor am Ort lagernde kühle Luft nur zögernd verdrängt werden kann. Ein Barograph ist dabei sehr hilfreich. Wenn man ein Satellitenbild sieht, ist die Lage der Front nahe dem hinteren Rand des Warmfront-Wolkenbandes zu markieren. Das gilt natürlich nur für ein noch nicht okkludiertes Tief.

In Wetterkarte 4a, Abb. 87, vom 10.4.1990 ist ein Tief mit Zentrum über Mittelitalien zu sehen. Das dazu gehörende Satellitenbild zeigt eine umfangreiche Bewölkung der Warmfront über dem Balkan. Vor dieser herrschen Temperaturen um 5 °C, hinter ihr jedoch um 14 °C. Hinter der Kaltfront sinken sie wieder. Eine kurze Zusammenfassung der Wettergestaltung einer Warmfront ist in Tabelle 4 aufgeführt.

4.1.2   Die Kaltfront holt auf

Eine **Kaltfront** ist auf jeden Fall schneller als eine Warmfront. Sie kann mit rund 100 km/h über uns hinwegziehen. Doch sind die Teilbereiche der langgestreckten Front, ausgehend vom Zentrum des Tiefs, nicht gleich schnell. Dasjenige, das weiter entfernt ist, bewegt sich langsamer als das weiter innen liegende. Die Wettergestaltung ist daher unterschiedlich.

Die Passage einer Kaltfront ist im allgemeinen sehr viel markanter ausgeprägt und leicht zu bemerken. Da die unteren Schichten der Kaltluftmasse durch Reibung abgebremst werden, ist die **Frontfläche** in den unteren Lagen steil geneigt. Aus diesem Grund wird die Warmluft vor ihr sehr rasch angehoben, so daß sich konvektive Wolken bilden, oft von heftigem Niederschlag begleitet, häufig auch von Gewittern.

Je größer der Abstand des Frontstücks vom Tiefzentrum ist, desto schmaler ist normalerweise das Wolkenband. Doch solch schöne, **ideale Tiefs** kommen über mitteleuropäischem Gebiet nicht allzu oft vor, da sie ja weit draußen über dem nördlichen Atlantik mit ihrer Entwicklung beginnen. Häufig sind es ganze Frontensysteme, die uns überqueren. Gut zu erleben sind sie weiter im Norden und Westen, vor allem über den Britischen Inseln.

Eine **langsame Kaltfront** treibt die Warmluft nicht ganz so rasch in die Höhe wie eine schnelle Front, da ihre Frontfläche im unteren Bereich zwar immer noch recht steil, aber doch flacher als die der schnellen geneigt ist. Daher erstrecken sich die Wolken relativ weit über die Front

Abb. 46

nach hinten. Es entstehen große Nimbostratuswolken, wie bei der Warmfront, doch sind in diese konvektive Zellen eingebettet mit Cumuli und Cumulonimbuswolken. Innerhalb der Kaltluftmasse sinkt die Luft ab, und in größerem Abstand hinter der Front kommen wieder Cumuli vor, infolge der Erwärmung durch den noch relativ warmen Erdboden.

Der Ablauf der Kaltfrontpassage kann folgendermaßen vor sich gehen: Vor der Passage weht ein schwacher bis mäßiger Wind aus südwestlicher Richtung, es ist relativ warm und einigermaßen klar. Der Luftdruck fällt erst langsam, dann immer schneller, und am westlichen und nordwestlichen Horizont sind Bänke von Cumuli und Cumulonimbuswolken zu sehen (s. Abb. 46). Kurz vor dem Durchzug der Front, wenn die Wolken schon fast über einem stehen, wird der Wind böig, und während der Ankunft der Front prasseln Regen- oder Schneeschauer bei starkem böigem Wind aus dem mit dicken Wolken verhangenen Himmel. Die **Barographenkurve** zeigt beim Frontdurchzug einen scharfen Knick, im allgemeinen steigt der Druck nun genauso steil an, wie er zuvor gefallen ist.

Hinter der Front bedecken Nimbostratus mit unter ihnen hängenden Stratus fractus den Himmel. Der Niederschlag läßt nach, es erscheinen

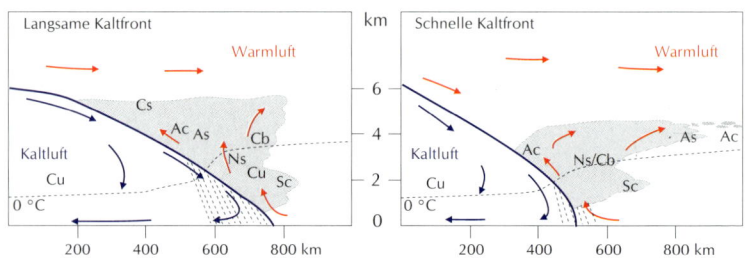

Abb. 47   Schnitt durch eine langsame und eine schnelle Kaltfront. Die langsame Kaltfront ist üblicherweise weiter von Zentrum des Tiefs entfernt als die schnelle Kaltfront. Das Wetter gestaltet sich unterschiedlich, da die schnelle Front die Warmluft erheblich rascher in die Höhe schnellen läßt als die langsame. Der schnellen eilen Altocumuli voraus, der Wind ist böiger und stärker, die Schauer und Gewitter sind heftiger. Das Wolkensystem wälzt sich quasi näher, und hinter der Front klart der Himmel nach kurzer Zeit auf.

Altostratus- und Altocumuluswolken und schließlich oft Cirrostratus und Cirren. Jetzt erst, weit hinter der Front ergeben sich in der kalten Luft wegen der Erwärmung der unteren Schichten durch den warmen Erdboden Cumuli und Cumulinimbuswolken (s. Abb. 59). Die Temperatur ist niedriger, und die Sicht ist gut.

Aus Wetterkarte 4a vom 10.4.1990, Abb. 87, ist die Abkühlung, welche die Kaltfront Sardinien brachte, abzulesen. Während im Bereich des Warmsektors die Luft um 14 °C warm war, lag die Temperatur hinter der Kaltfront in Südsardinien unter 10 °C.

Näher dem Zentrum des Tiefs sind die Luftströmungen allgemein stärker, sowohl im Warmsektor als auch im Kaltluftbereich. Bei der **schnellen Kaltfront** wird der untere Teil, wegen der höheren Geschwindigkeit, sehr steil, manchmal sogar überhängend. Die Hebung ist dementsprechend direkt vor der Front sehr heftig und wird von Cumulonimbuswolken begleitet, aus denen Schauer niedergehen. Doch herrschen neben den Aufwinden im Warmluftbereich nach unten gerichtete Winde. Diese Abwinde führen zusammen mit der sehr kräftigen Höhenströmung dazu, daß sich das Wolkensystem vor der Kaltfront quasi heranwälzt. Infolgedessen eilen einer schnellen Kaltfront oft Nimbostratus und Altostratus voraus, und noch weit vor ihr Stratocumuli und Altocumuli (s. Abb. 55).

Der Niederschlag fällt beiderseits der Frontlinie, in der Regel aus einem **schmalen Wolkenband**, aber dafür mit großer Intensität, wobei sich kräftige Gewitter entladen können. Die Front selbst ist von heftigen **Windböen** charakterisiert und einer Windrichtungsänderung nach rechts.

Abb. 48

Die letzten Wolken sind dichte Altocumuli, dann klart es bei frischem Wind auf, und schließlich wird das Rückseitenwetter von Sonne und Cumuli bestimmt, wobei der Wind in der Regel langsam abnimmt.

Auch direkt hinter der deutlich zu spürenden Kaltfront kann es vorkommen, daß die Temperatur keineswegs fällt. Die Ursache liegt in der adiabatischen Erwärmung der schnell absinkenden Luft hinter der Front. Dadurch bleibt die Temperatur in einem Bereich, der 100 km weit reichen kann, recht hoch. Erst danach geht sie zurück.

Das **typische Wetter** einer solchen Front kann folgendermaßen aussehen: Mäßiger bis starker Wind aus Südwest, der Himmel ist, vor allem im Winter, von Stratus oder Stratocumuli bedeckt, zu den wärmeren Jahreszeiten auch nur gering bewölkt. Das Barometer fällt mit zunehmender Geschwindigkeit, Altocumuli ziehen von Westen her auf, relativ dicht aufgeschlossen gefolgt von einem Wolkensystem aus Cumulonimbus oder Nimbostratus mit konvektiven Zellen. Heftige Windstöße überraschen beim Durchzug der Front, und Schauer gehen nieder, häufig mit Gewittern. Der Wind springt auf Nordwest um, der Luftdruck steigt sehr rasch, dann langsamer werdend. Die Luft ist frischer bei guter Sicht, die Sonne bricht bald durch, und es bilden sich Cumuluswolken, aus denen allerdings, je nach Druckanstieg und sofern sie zu entsprechenden Formen heranwachsen, auch Schauer niedergehen können.

Natürlich kann der Kaltfrontdurchzug auch mit anderem Wetter einhergehen, z. B. dann, wenn im Winter **kontinentale Arktikluft** die Warmluft verdrängt. Wegen der Trockenheit der Kaltluft ist die Front manchmal von gar keinen oder nur wenigen Wolken begleitet. Aber die anderen charakteristischen Eigenschaften, wie Windsprung, Druckabfall und -anstieg und Temperaturfall bleiben. Aber hinter der Front, wenn die Temperatur kräftig fällt, bildet sich infolge der Ausstrahlung eine Bodeninversion mit sehr großer Kälte in den bodennahen Schichten. Doch normalerweise markiert, besonders im Sommer, die Kaltfront eine Trennungslinie zwischen stabiler Schichtung bzw. Bewölkung auf ihrer Vorderseite und labiler auf der Rückseite.

Wenn man die Barographenkurve zur Vorhersage heranzieht, was man unbedingt tun sollte, ist zu beachten, daß nicht jeder kleine Druckabfall schon nahendes Schlechtwetter ankündigt. Betrachtet man, vor allem im Sommer, die Luftdruckaufzeichnung, stellt man fest, daß die Atmosphäre, wie die Meere Gezeitenschwingungen, einem **Tagesgang** unterliegt. In unseren Breiten liegen die von der täglichen Erwärmung verursachten Schwingungen bei ungefähr 1 hPa. In den Tropen reicht die Amplitude bis 5 hPa, und an den Polen strebt sie gegen 0 hPa. Eine Zusammenfassung des Kaltfrontwetters steht in Tabelle 5.

4.1.3   Die Okklusion – die Fronten überlagern sich

Da die Kaltluft schneller ist als die Warmfront, wird diese eingeholt, und die Fronten okkludieren. In Zentrumsnähe des Tiefs geschieht das natürlich zuerst, weil der Weg für die kalte, hinterhereilende Luft kürzer ist und sie sich außerdem schneller bewegt. Je nach den Temperaturen der kühlen, vor der Warmluft lagernden Luftmasse und derjenigen hinter der Kaltfront, kommt es zu einer Warmfront- oder einer Kaltfrontokklusion.

Bei einer **Warmfrontokklusion** ist die Luft der Vorderseite kälter als die der Rückseite des Tiefs. Wenn nun die Kaltfront die Warmfront eingeholt hat, gleitet also nicht nur die Warmluft auf die kalte Vorderseite des Tiefs, sondern auch die Rückseite. Die Warmluft wird direkt vor der nachfolgenden Kaltfront sehr kräftig angehoben, so daß der Niederschlag oft auf ein relativ schmales Gebiet konzentriert ist. Nachdem die Okklusion durchgezogen ist, klart der Himmel im allgemeinen rasch auf,

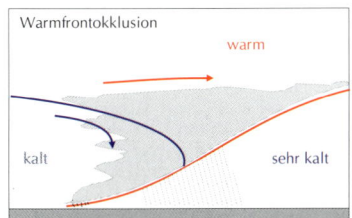
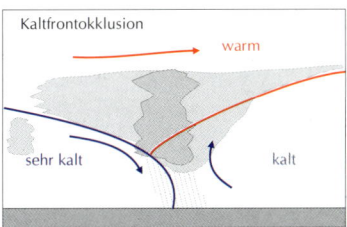

Abb. 49   Okklusionsfronten. Nach dem Durchgang der Warmfrontokklusion klart es normalerweise rasch auf und wird sonniger als bei einer Kaltfrontokklusion. Der letztgenannten Okklusion folgen vor allem besser entwickelte Cumuli, die eher Schauer niedergehen lassen.

und nach einiger Zeit bilden sich die üblichen konvektiven Wolkenformen der Rückseite, allerdings nur in schwacher Ausprägung, da ja vor Ankunft des Tiefs schon recht kalte Luft vorhanden war und der Boden daher nicht besonders warm ist. Die Luftdruckentwicklung verhält sich gewöhnlich einem einfachen Kaltfrontdurchgang sehr ähnlich, und der Windsprung ist ebenso zu verzeichnen.

Bei der **Kaltfrontokklusion** ist die Vorderseite des Tiefs wärmer als die Rückseite. In diesem Fall wird von der kälteren Kaltfront nicht nur die Luft des Warmluftsektors angehoben, sondern auch die der Vorderseite. Es lagern also über der heranbrausenden Kaltfront die Vorderseitenluft und über dieser die Warmluft. Das Niederschlagsgebiet ist auf beiden Seiten der Okklusion auf einen breiteren Streifen verteilt, aber doch etwas zur Vorderseite hin verschoben. Da die kalte Luft der Rückseite niedrigere Temperaturen aufweist als die Luft der Vorderseite des Tiefs, entstehen besser entwickelte Konvektionswolken: große Cumuli und Cumulonimbus, die Regen- und Schneeschauer bringen. Sowohl der Luftdruckabfall und -anstieg als auch der Windsprung laufen wiederum in ähnlicher Weise ab.

4.2   Die Antizyklone –
nicht immer herrscht schönes Wetter

Es wurde schon mehrfach darauf hingewiesen, daß schlechtes Wetter kein
Privileg der Tiefs ist. Auch innerhalb von Hochdruckgebieten kann der
Himmel bedeckt und es sogar neblig trüb sein, vor allem im Winter.

Ein Hochdruckgebiet ist ein rechtsdrehender Wirbel (auf der Nordhalbkugel). Die Luft strömt in den unteren Schichten aus. Während ihres
zuvor erfolgten Abstiegs im Hoch erwärmte sie sich adiabatisch, wodurch
die relative Luftfeuchtigkeit oberhalb der Reibungsschicht nahe der
Erdoberfläche geringer geworden ist. Im Zentrum weht nur ein sehr
schwacher Wind, zu den Rändern hin legt er zu und ist, je nach Druck
in der zentralen Region und Ausdehnung des gesamten Gebildes, mehr
oder weniger stark, sogar stürmisch.

In den Kapiteln 2.3 und 3.2.1 mit den Abb. 29 und 32 wurde auf die
trüben und wolkenverhangenen sonnenlosen Wetterlagen, verursacht von
der Absinkinversion, eingegangen. Unter der Inversion (Subsistenzin-
version) können vor allem im Winterhalbjahr, sofern die Luftmasse
maritimen Ursprungs ist, Stratus oder Stratocumuli entstehen. Diese
Wetterlage mit bedecktem Himmel, der so gar nicht nach schönem Hoch
aussieht, wie es das Barometer anzeigt, kann über Wochen anhalten.

Im Sommer allerdings stimmt die Barometerangabe. Solange der hohe
Druck anhält, ist es meist nur gering bewölkt, in der Regel mit dünnen,
verstreut hinziehenden Schönwettercumuli. Doch auch im Winter kann
ein Hoch klares sonniges Wetter bringen, nämlich dann, wenn die
Antizyklone aus kontinentaler, trockener Luftmasse aufgebaut ist.
Allerdings kann nun die an sich schon kalte Luft durch Ausstrahlung
frostig kalt werden, und bei schneebedecktem Boden nehmen die
Temperaturen oft extreme Werte an. Und dadurch kann sich wiederum
eine **Bodeninversion** entwickeln, mit dem Ergebnis, daß es nicht nur
bitterkalt, sondern zusätzlich auch noch trüb ist. Verlagert sich das Hoch
nun langsam in Richtung Ost, wobei wärmere Luft auf der Vorderseite
eines Tiefs in Westen zufließt, bleibt es nebelig bis trüb, der Himmel
behält seine graue Farbe, denn die Inversion dauert fort.

Aber beim Abbau einer Antizyklone mit unangenehm trübem Wetter wird
auch oft – je nach zuströmender Luftmasse, deren Feuchtigkeitsgehalt und
Temperatur – die Inversion aufgelöst, so daß die Sonne hinter einem
dunstigen hellblauen Himmel zum Vorschein kommt, während das
Barometer fällt.

Eine Antizyklone kann im Vergleich zu ihrer Umgebungluft sowohl aus kälterer als auch aus wärmerer Luft aufgebaut sein (s. Kap. 1.4.2). Somit handelt es sich um eine kalte oder warme Antizyklone. Das hat Folgen für die Wetterentwicklung.

Die **kalte Antizyklone** reicht nicht sehr weit in die Höhe (Abb. 16). Über ihr herrscht eine von ihr nur unbedeutend beeinflußte Strömung, daher ist sie nicht stabil und kann leicht von einer Zyklone abgebaut werden.

Ein **warmes Hochdruckgebiet** reicht dagegen bis in wesentlich höhere Schichten hinauf. Dadurch ist es stabil und wirkt steuernd auf die Zyklonen – es leitet sie um sich herum. Ein derartiges Hoch ist ein langlebiges Gebilde mit stabilem Wetter und den oben beschriebenen Bewölkungsverhältnissen.

Solche Hochs können sehr groß werden, mit mehreren tausend Kilometern im Durchmesser, und quasistationär liegen bleiben. Kleinere Antizyklone sind dagegen in die allgemeine Strömung eingebettet, bestehen aus Kaltluft und erscheinen als wandernde Antizyklone zwischen den ebenfalls wandernden Tiefs unserer Breiten. Diese in die Kette der Tiefs eingegliederten kalten und wenig stabilen Hochs bezeichnet man als **Zwischenhochs.** Nur relativ selten weisen sie eine geschlossene Zirkulation auf, meist sind sie nur Hochdruckrücken, die sich vom steuernden größeren Hoch in die Kaltluft der Rückseite eines wandernden Tiefs erstrecken. Hinter dem letzten Tief einer wandernden Zyklonenfamilie erfolgt vielfach ein kräftiger Kaltluftvorstoß. In der Folge baut sich normalerweise ein kaltes Hoch auf. Vor allem über Osteuropa entwickelt sich nach mehreren Vorstößen arktischer Luft ein sehr ausgedehntes Hoch, mit einem Luftdruck bis 1050 hPa, bezogen auf Meereshöhe. Die Größe des Hochs wirkt selbsterhaltend, die Erwärmung der höheren Luftschichten verstärkt die Langlebigkeit.

5 Wolken und Barographenkurven künden den Wetterablauf an

5.1 Die Wolken und ihre möglichen Wetterbedeutungen

5.1.1 Cirren

Cirruswolken treten manchmal sehr vereinzelt auf, manchmal bedecken sie den gesamten Himmel und erscheinen in allen Variationen. Sie können so dünn sein, daß man sie im Flugzeug gar nicht bemerkt, und sie können schönes Wetter, aber auch kommendes Schlechtwetter ankünden.

In Mitteleuropa bewegen sie sich im Sommer in einer Höhe von 6 bis 10 km, im Winter nur zwischen 4 und 6 km, und im Mittelmeergebiet zwischen 9 und 14 km bzw. 6 und 9 km. In Nordeuropa sind sie 1 bis 2 km tiefer als bei uns angesiedelt.

Sie weisen auf folgende **Wetterlagen** hin:

a) Stabiles Hochdruckgebiet: Ziehen nur einzelne Felder von Cirren über den Himmel, in Streifen angeordnet, hakenförmig abgebogen oder treten sie als verstreute Felder auf und ist dabei keine Verdichtungstendenz festzustellen, bleibt das Wetter weiterhin schön, insbesondere, wenn keine größeren Cirrostratusflächen zu sehen sind. Bei dieser Wetterlage können auch ruhig Kondensstreifen – nichts anderes als Cirrocumuli – in einzelnen Gebieten am Himmel über längere Zeit bestehen bleiben (s. Abb. 50).

b) Aufzugsbewölkung: Ziehen am Horizont großflächig Cirren auf, die nach ihrer Organisation sichtlich zusammengehören, deuten sie auf einen Aufzug, eine nahende Warmfront hin. Sind schon Cirrostratuswolken zu sehen, kann man davon ausgehen, daß ein Tief im Anzug ist (s. Abb. 51).

c) Gewitterlage: Wenn sich eine Cumulonimbuswolke auflöst, geschieht dies an der Unterseite zuerst. Übrig bleiben Cirren, die durchaus relativ großflächig am Himmel bleiben können. Sie können einen Aufzug vortäuschen, aber sie sind dafür doch zu ungeordnet, zu versprengt. Außerdem verteilen sie sich im

Abb. 50

allgemeinen relativ rasch über den Himmel, so daß es klar ist: Das Wetter bleibt im wesentlichen recht schön.

5.1.2   Cirrostratus

Diese Schlechtwetter-Eiswolke kann so schwach ausgeprägt sein, daß nur ein hauchdünner Schleier den Himmel in hellem Blau erscheinen läßt. Sie kann aber auch die Sonne völlig verdecken und den Tag grau und relativ trüb vergehen lassen.

Die **Wetterlage** kann wie folgt beschaffen sein:

  a) Wenn die Sonne noch wenig getrübt vom blaßblauen Himmel scheint, aber ein Halo sichtbar wird, ist eine Cirrostratusdecke aufgezogen, die ein Tief ankündigt. Wenig später wird die Sonne zunehmend verdeckt werden, und am folgenden Tag wird im Zuge der Warmfront Regen einsetzen. Sobald die Sonne nicht mehr zu sehen ist, wird es im allgemeinen nur noch wenige Stunden dauern, bis es regnet (s. Abb. 52). Gleichzeitig fällt das Barometer langsam, aber kontinuierlich.

Abb. 51

b) Zieht der Cirrostratus sich schnell verdichtend und rasch auf und fällt dabei das Barometer, wird bald Regen zu fallen beginnen und die Warmfront eintreffen.

c) Zeigen sich aber am Himmel nur einzelne kleine Cirrostratusfelder, oft auch zusammen mit einigen Cirren, bleibt das Wetter so erhalten, wie es gerade ist.

5.1.3   Cirrocumulus

Die Stärke der Wolke kann sehr unterschiedlich sein. Sie kann so dünn sein wie feine Cirren, aber auch so kompakt, daß die Sonne verdeckt wird.

Wetterlage:

a) Neigt sich eine sommerliche Schönwetterlage ihrem Ende entgegen, ziehen häufig ausgedehnte Cirrocumulusfelder auf, in denen sich die einzelnen Cc-Wolken langsam vergrößern. Erscheint ein solches Wolkenbild, muß man in Kürze mit aufkommenden gewittrigen Schauern rechnen. Die Barographenkurve fällt mit Schwankungen leicht ab. Die Wetterlage wird sich für eine Zeitlang umstellen.

b) Herrscht momentan noch schönes, sonniges Wetter, kommen aber aus westlicher Richtung größere Cirrocumulusfelder auf, wird es bald regnen und dazu ein kräftiger Wind blasen.

c) Wenn Cirrocumuli großflächig aufziehen und sich gegen den Horizont stark verdichten, vielleicht auch noch Cirrostratuswolken zu sehen sind und sich eventuell Wellen bilden, wird das Schlechtwetter in einigen Stunden eintreffen (s. Abb. 53).

d) Die Kaltfront kann sich bei einer ihrem Ende zugehenden Föhnlage durch kleine Cirrocumulusfelder ankündigen. Normalerweise kommt die Kaltfront recht schnell.

5.1.4   Altocumulus

Die Altocumuli befinden sich in niedrigerer Höhe. Ihre Details erscheinen daher größer als bei den hohen Cirrocumuli. In aller Regel werden große Flächen am Himmel von diesen Wolken verdeckt. Wird mindestens etwa

Abb. 52

Abb. 53

die Hälfte von ihnen eingenommen, muß mit einer Umstellung des freundlichen Wetters auf Schlechtwetter gerechnet werden.

Wetterlage:

a) Befinden sich nur einige Gruppen von Altocumuli verstreut am Himmel und verändert sich das Bild insgesamt nicht, wird sich das Wetter in nächster Zeit nicht ändern.

b) Erscheinen Altocumuli zusammen mit Cirrocumuli und zeigt sich eine Verdichtungstendenz, wird langsam eine Wetterverschlechterung auf längere Zeit eingeläutet.

c) Ziehen die Wolken großflächig und in wellenförmiger Anordnung auf, besteht in den nächsten Stunden eine große Neigung zu Gewittern.

d) Quellen die Altocumuli oder einige von ihnen plötzlich zu großen Cumuli auf, dürften in wenigen Stunden schon Gewitter losbrechen.

e) Erscheinen sie, gefolgt von Altostratus, am Himmel, wird es in nächster Zeit zu regnen beginnen, meist mit viel Wind (s. Abb. 54).

Abb. 54

Abb. 55

5.1.5 Altostratus

Er gehört weit überwiegend zu den Schlechtwetterwolken. Im Normalfall erscheinen sie in der Folge von Cirrostratuswolken am Himmel. Verdichten sich Altostratus so stark, daß die Sonne nur noch diffus durchscheint, kommt regnerisches Wetter auf uns zu.

Die Stärke, mit der die Sonne noch durch die strukturlose, eintönige, ja langweilige Wolke hindurchzuscheinen vermag, kann relativ gut zur Vorhersage benutzt werden, wann der erste Tropfen fallen wird. Steht die Sonne diffus, aber mit scharfem Rand am Himmel, bleiben im allgemeinen bis zum Regen noch etwa 8 bis 10 Stunden. Deutet sich die Sonne nur noch durch eine Aufhellung im eintönigen Grau an, hat man noch 4 bis 8 Stunden Zeit, und ist sie hinter dem düster wirkenden Altostratus völlig verschwunden, wobei einzelne dunkle Wolkenteile unter der Hauptwolke dahinsegeln, dauert es nur noch sehr wenige Stunden.

Wetterlage:

   a) Ein dünner Altostratus bei Sonnenschein, ohne Verdichtungstendenz, bedeutet keine Wetterverschlechterung.

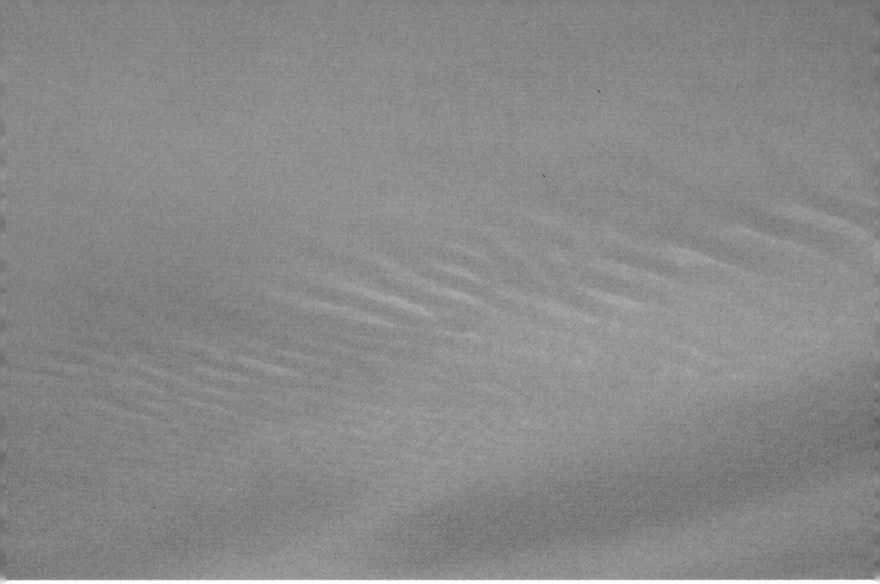

Abb. 56

b) Sich verdichtender großflächig aufziehender Altostratus weist auf eine bald eintreffende Warmfront hin.

c) Dunkler Altostratus, der einzelne Wolkenteile erkennen läßt und Wolkenlücken aufweist, deutet auf länger andauerndes Schlechtwetter hin.

5.1.6   Stratocumulus

Diese tiefe Wolke steht am häufigsten und zu allen Jahreszeiten über uns am Himmel. Sie zeigt stabile Schichtung an, bei der das Wetter im wesentlichen so bleibt, wie es gerade ist. Im Winter sind die Stratocumuli häufig zu einer Decke zusammengeschlossen, die an kaum einer Stelle oder nirgendwo blauen Himmel durchschimmern lassen. Oft hängen die Wolken in Walzen oder zu Kissen geballt an weiten Himmelsteilen. Manchmal kann man sie fast mit der völlig strukturlosen Stratuswolke verwechseln, aber bei genauerem Hinsehen entdeckt man eine Struktur, Helligkeitsvarianten und Quellungen (s. Abb. 57). Bisweilen erscheint die Wolke neben Cumuli, deren Auflösungsprodukt sie sein kann. Doch

Abb. 57

in diesem Fall spielt sie, schon allein wegen ihrer kurzlebigen Rolle, keinen den Himmel beherrschenden Part.

Wetterlage:

    a) Bei stabiler Hochdrucklage sind immer wieder besonders morgens Stratocumuli zu sehen, die sich vor allem in den warmen Jahreszeiten im weiteren Tagesverlauf langsam auflösen oder zu Cumuli umbilden.

    b) Vor allem über dem Meer ist sie die weitaus häufigste Wolkenform. An ihr läßt sich für den nächsten Tag keine Wetterverschlechterung ablesen.

5.1.7 Stratus

Der völlig gleichförmige Stratus kann als Nebel angesprochen werden, dem Erdboden aufliegend oder in der Höhe schwebend. Er bildet sich im Sommer oft über feuchtem Land und in den Bergen, aber auch an der Küste über kaltem Wasser. Die Sonne scheint nur diffus durch, manchmal

Abb. 58

ist er dafür auch zu dick. Zur Winterzeit verdunkelt er bisweilen für eine Woche und länger das Tageslicht. Ablösen läßt sich dieses Wetter nur durch eine radikale Umstellung der Wetterlage (s. Abb. 58).

Wetterlage:

a) Bedeckt der Stratus den ganzen Himmel und setzen sich einzelne vom Wind rasch vertriebene Wolkenfetzen ab, muß man auf Regen gefaßt sein.

b) Beginnt im Sommer eine Stratusdecke den Himmel zu verhüllen, liegt in der Regel die Begründung in der Zufuhr von feuchter und warmer Meeresluft. In der Folge muß man mit Regen und Gewittern rechnen.

5.1.8 Cumulus

Cumuluswolken treten in höchst unterschiedlichen Größen auf. Sie können Unwetter anzeigen oder verkünden, daß das Wetter schön bleibt. Die Bilderbuchwolken sind vor allem zur warmen Jahreszeit zu sehen, denn sie sind ja an die Konvektion, an einen warmen Untergrund gebunden. Im Winter kommen sie selten vor und wenn, dann lange nicht so prächtig.

Abb. 59

Wetterlage:

a) Bei sommerlicher Hochdrucklage entstehen am Vormittag mit steigender Sonne die ersten kleinen Cumuli. Die Schönwetterwolke Cumulus humilis bleibt recht klein, hat meist ausgefranste Ränder und zieht mit anderen zusammen locker verstreut über den Himmel (s. Abb. 37). Sie kann im Laufe des Tages zur ebenfalls harmlosen Cumulus mediocris (s. Abb. 38) heranwachsen. Oft läßt sich ein Tagesgang feststellen: Am frühen Nachmittag läßt die Cumulus-Entwicklung wegen zu großer Sonnenabdeckung durch die herangewachsenen Wolken nach. Erst nachdem die Sonne wegen der teilweisen Auflösung und der Schrumpfung der Cumuli wieder Gelegenheit bekommen hat, das Land noch einmal stärker aufzuheizen, setzt die Konvektion abermals verstärkt ein und mit ihr das Wachstum der Cumulusbewölkung. Am Abend lösen sie sich im Zuge der zurückgehenden Konvektion auf.

b) Fällt bei sommerlicher Hitze der Luftdruck über 1 bis 2 Tage hinweg leicht und zeigt der Barograph nur noch einige hPa mehr als Normaldruck an, können relativ schwere Wärmegewitter entstehen. Man muß nur die wachsenden Cumuli anschauen. Quellen sie turmartig auf, was mit einer enormen Geschwindigkeit vonstatten gehen kann, ist das ein sicheres Zeichen für ein binnen kurzem losbrechendes Gewitter (s. Kap. 5.2.7, Abb. 69 und Kap. 7.3).

c) Ziehen am Horizont, gleichgültig zu welcher Tageszeit, also auch nachts, hoch aufgetürmte Cumuli des Typs Cumulus congestus oder sogar Cumulonimbus auf breiter Front auf, naht eine Kaltfront. Sie ist in den meisten Fällen mit Gewittern verbunden, oft mehreren hintereinander, in einer sich abschwächenden Reihenfolge. Der Wind wird dabei zu böigem Sturm, der gemeinsam mit den Regenschauern wenigstens einen Tag lang anhält. Bei solchem Wetter sollte man, wie es ohnehin grundsätzlich geschehen sollte, die Barographenkurve genau anschauen, denn es könnte sich, sofern bereits eine Front durchgezogen ist, um eine Troglage handeln (s. Abb. 67).

d) Nach dem Durchzug einer Kaltfront (s. Kap. 5.2.4 und 5.2.5) reißt die Bewölkung auf, und in einiger Entfernung hinter der Front setzt die konvektive Bewölkung mit den Cumuli ein. Sie können zunächst z. T. so groß werden, daß aus ihnen Schauer niedergehen, ab und zu auch Gewitter.

5.1.9   Cumulonimbus

Entwickelt sich eine Cumulus congestus (s. Abb. 39) weiter in die Höhe, so daß sie sich eine Haube aus Eiskristallen aufsetzt, einen Amboß, wird ein Unwetter mit Blitz und Donner, starkem Regen, oft mit Hagel losbrechen. In ihr geht es außerordentlich turbulent zu mit rasanten Auf- und Abwinden direkt nebeneinander oder besser ausgedrückt: mit Stürmen, die mit einer Geschwindigkeit von 120 km/h und mehr nach oben jagen und noch schneller nach unten. Eine Cumulonimbus ist ein Ungetüm, das im Extremfall mehr als 100 Mio. t Wasser in sich tragen kann, in der tennisballgroße Hagelkörner produziert werden können. Unter ihr können Winde und Böen in Orkanstärke ihre verheerende Wirkung entfalten und Temperaturstürze von 20 °C stattfinden. Nach oben reicht diese mächtigste aller Wolken bis zur Tropopause, sie kann diese sogar dank ihrer vehementen Aufwinde durchstoßen und bis zu 20 km in die Höhe schießen.

Wetterlage:

a) Wenn bei großer sommerlicher Hitze und intensiver Sonnenein-strahlung feuchte und heiße Luft zuströmt, wird die Quellung und

Abb. 60

Bildung von Cumulonimbus sehr begünstigt. Über dem Meer fällt ihre Entwicklung eher in die Nacht.

b) Sommerliche Kaltlufteinbrüche über das heiße Land geben den Anstoß zur Cumulonimbus-Entwicklung. Wenn der Kaltluftvorstoß sehr rasch abläuft, schießt die erhitzte Luft an ihrer Vorderseite äußerst turbulent nach oben.

5.1.10 Nimbostratus

Der Landregen ist das Produkt des Nimbostratus (s. Abb. 60). Er ist typisch für die Warmfront. Je nach seiner Mächtigkeit fällt die Niederschlagsintensität aus.

Wetterlage:

a) Er ist eine Wolke der Warmfront und der Okklusion mit Warmfrontcharakter.

b) Im Mittelmeer ist er die den Scirocco begleitende ausgedehnte Wolke in den wärmeren Jahreszeiten. In ihr sind dort Cumulonimbuswolken eingebettet, die zu gefährlichem böigem Sturm und Gewittern bei Starkregen führen.

5.2   Die Bedeutung der Barographenkurven

Leider besteht kein direkter Zusammenhang zwischen dem Wert des Luftdrucks und den Wettererscheinungen. Aber aus dem Maß der zeitlichen Änderung des Luftdrucks kann man auf die Wetterentwicklung schließen. Die Interpretation des **Wolkenbildes** und der Entwicklung des **Luftdrucks** erlauben gemeinsam in den meisten Fällen eine recht gute **Prognose** für die nächsten ein bis zwei Tage. Da in bezug auf den Luftdruck nicht der aktuelle Wert von besonderem Interesse ist, sondern die Druckentwicklung, nützt ein Barometer nicht sehr viel, denn man müßte es stündlich ablesen und selbst eine Kurve zeichnen. Deshalb sollte unbedingt ein guter Barographen zur Verfügung stehen.

In den gemäßigten Breiten, wo unsere wandernden Tiefdruckgebiete entstehen, läuft das Wetter oft nach einem bestimmten Schema ab. In den Subtropen sind Barographen weniger hilfreich, weil das Wetter häufig nur eine regionale Ausdehnung hat und sich kurzfristig ändert. In den Tropen leisten die Geräte wieder gute Dienste bei der Prognose des Wetters vom nächsten Tag.

Im Grunde brauchen wir nur die derzeitige Wetterlage mit einer Vielzahl von bekannten und registrierten Wetterlagen zu vergleichen. Es sind bestimmte **Szenarien**, in denen das Wettergeschehen immer wieder mit großer Ähnlichkeit abläuft. Hat man einen Barographen, vergleicht man die aufgezeichnete Kurve mit dem Luftdruckverhalten dieser bekannten Szenarien. Man betrachtet somit den Beginn einer Wetterentwicklung und vermutet den weiteren Ablauf. Zusammen mit dem Wolkenbild ergibt sich, wie gesagt, eine recht gute Prognose. In Mitteleuropa sind es etwa ein Dutzend typischer Wetterabläufe.

Doch wenn die eigene Wettervorhersage hinreichend gelingen soll, ist zunächst das Studium der amtlichen Wetterkarten sinnvoll: Welche Luftdruckänderungen sollten in den nächsten zwölf Stunden zu registrieren sein und welches Wettergeschehen sollte ablaufen. Wenn dies, quasi eine Eichung, wirklich glückt, kann man wagen, es umgekehrt zu versuchen. In den folgenden Barographenkurven werden einige für Mitteleuropa wichtige und typische Wetterlagen vorgestellt.

5.2.1   Windiges Hochdruckwetter

Ein starker **Druckanstieg**, d. h. eine konstante Zunahme von etwa 1 hPa pro Stunde, bringt immer viel Wind, zumindest Starkwind, an der Küste und auf dem Meer in der Regel Sturm. Der sehr rasche Anstieg kann in einen langsamen übergehen, wobei es schön bleibt bzw. erst wird, oder innerhalb kaum mehr als einem Tag wieder fallen, wenn es sich nur um ein kleines, dazwischengeschaltetes Hoch handelt. Ein beständiger Anstieg des Drucks läßt das Wetter über längere Zeit schön werden. Das gilt insbesondere für eine anfangs vielleicht rasche, dann relativ langsame Druckzunahme, die über zwei bis drei Tage anhält. Dann kann man davon ausgehen, daß die **Schönwetterperiode** eine Woche anhält. Dauert sie schon eine ganze Woche an, bei kaum verändertem Barometerstand, wird sie sehr wahrscheinlich eine weitere Woche herrschen. Der Wind flaut in dieser Zeit immer mehr ab, denn im Außenbereich des Hochs, wo die Isobaren eng geschart sind, bläst der heftige Wind. Zum Zentrum hin sind die Linien gleichen Luftdrucks weiter auseinander, die Luft steigt vornehmlich ab, der Horizontalwind weht nur schwach.

Im Sommer, aber auch im Spätfrühling kommen solche langandauernden Hochs immer wieder vor, meist als ausgedehnte Antizyklonen, die sich von Westen nähern.

Die Bewölkung auf der windigen Vorderseite, d. h. im Osten des Hochs, kann aus kleinen Cirrocumuli und bzw. oder Cirren bestehen. Die Konstellation der Druckgebilde sieht häufig folgendermaßen aus:

– Ein ausgedehntes, relativ kräftiges Hoch über Deutschland, dessen wenigstens im Bereich um 1030 hPa messende innere Isobare sich von der mittleren Nordsee bis über die Adria erstreckt, liegt einem Tief über Skandinavien gegenüber. In diesem Fall stürmt es aus nordwestlicher Richtung vor allem über der westlichen Ostsee, Dänemark und Schleswig-Holstein. Über dem Landesinneren strahlt die Sonne vom sommerlich blauen Himmel, und der Wind ist nur sehr schwach und kommt aus wechselnden Richtungen.

Die Luftdruckgebiete können auch anders verteilt sein, wenn es wieder über Dänemark und Norddeutschland stürmt und vor allem die Ostsee Sturmtage erlebt:

– Das Hoch liegt über Skandinavien und das Tief über der westlichen Nordsee. Nun bläst es über der Ostsee und den angrenzenden Gebieten aus südöstlicher Richtung.

Ein solcher Sturm kann durchaus mehrere Tage anhalten, auch dann, wenn der Luftdruck unverändert hoch steht.

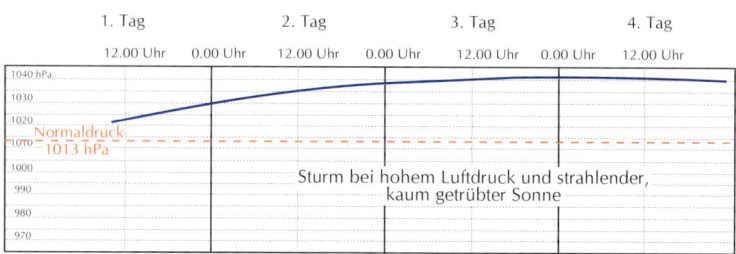

Abb. 61   Hoher Luftdruck bei Sonnenschein und Sturm. Der Barograph zeigt hohen Luftdruck an, und die Sonne scheint vom strahlend blauen oder nur von einzelnen Cirren oder Cirrocumuli verzierten Himmel. Dabei bläst, mitten im Sommer, über der Ostsee und den angrenzenden Ländern ein Sturm mit 7 bis 10 Bft. Bis zu 5 Tage kann solches Wetter anhalten. Unter Hochdruckeinfluß können sehr hohe Windstärken das Meer aufpeitschen und Bäume entwurzeln. Solche Sturmwettertage kommen nicht allzu häufig vor, aber bekannt sind sie: der Hochdrucksturm an der Nordsee und der Ostsee, der Norder an der portugiesischen Küste und der Norder in Südgrönland.

Ein Hoch über der Nordsee und ein kleines Tief über Südschweden ist die Standardausgangslage für einen Hochdrucksturm aus nordwestlicher Richtung. Liegt ein Hoch über Skandinavien und ein Tief über England und der Nordsee, stürmt es in Dänemark und Schleswig-Holstein bei schönem Wetter aus Süd bis Ost.

Solange der Luftdruck in etwa konstant bleibt, gibt es keine Wetterverschlechterung. Am Mittelmeer können dabei morgens düstere Wolken tief über dem Wasser hängen, doch die lösen sich nach Sonnenaufgang rasch auf.

Auf den Wetterkarten in den Abb. 83, 84, 85 ist einer der oben beschriebenen Fälle dargestellt.

Bleibt das Barometer über längere Zeit bei hohen Werten stehen, ohne große Schwankungen anzuzeigen, handelt es sich um ein **blockierendes Hoch**, eine große, sehr ortsfeste Antizyklone, welche die von Westen sich vorwärtskämpfenden und als „Störenfriede" auftretenden Zyklone über lange Zeit abwehren, sie um sich herumleiten kann. Die Wetterlage ist außerordentlich stabil und kann bis zu zwei Monate anhalten . Die Chance zu solchem Wetter ist dann groß,

- wenn sich das Azorenhoch zum Nordatlantik verlagert,
- wenn sich das Azorenhoch nach England bewegt,
- wenn sich das Azorenhoch mit einem Hoch über Skandinavien verbindet und
- wenn ein mächtiges Hoch über Skandinavien liegt, das langsam in östlicher oder südöstlicher Richtung abwandert. Wenn über dem Mittelmeer ein Tief herrscht, drängen sich über der westlichen

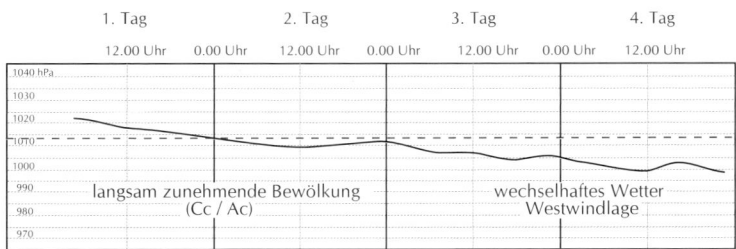

Abb. 62 Umstellung einer beständigen Hochdrucklage auf wechselhafte West-windlage. Zunächst ist die Änderung der Wetterlage am Himmel nicht zu be-merken. Nur der Barograph gibt darüber Auskunft, indem er eine mit Schwan-kungen leicht abfallende Kurve zeichnet. Erst wenn der Luftdruckabfall schon einige Zeit andauert, erscheinen Wolken am Himmel, meist Cc- und Ac-Wolken. Dabei wird die Sicht besser, die Luft wärmer, der Wind weht aus süd-lichen Richtungen und wird etwas stärker und vor allem beständiger. Sind die sich verdichtenden Wolken bereits über mehr als den halben Himmel aufgezo-gen, wird Regen in meist wenigen Stunden einsetzen.

Ostsee die Isobaren. Ihrem Abstand entsprechen die Windstärken. Im Sommer ist es dann in Mitteleuropa lange sehr heiß und im Winter sehr kalt (s. Abb. 75).

5.2.2   Zu Ende gehende Hochdrucklage

Eine schon länger andauernde Schönwetterlage stellt sich langsam und fast unmerklich um. Ein bisher wetterbestimmendes Hoch zieht sich allmählich meist in Richtung Ost zurück und gibt den Weg frei für bis dahin abgewehrte Tiefs mit ihren Frontensystemen.

Der Barograph registriert einen beständigen, **schleichenden Luftdruck-abfall**, häufig mit Schwankungen, die generelle Entwicklung jedoch zeigt nach unten. Die Wetterumstellung kann mehrere Tage dauern, denn die Tiefs kommen nur schleppend voran.

Dem Himmel sieht man die zögerliche Änderung, die bereits eingeleitet wurde, nicht so schnell an, nur der Barograph gibt darüber Auskunft. In den meisten Fällen verbessert sich jedoch die Sicht, und die Luft wird trockener. Der Wind dreht zurück und kommt aus südlichen Richtungen, legt dabei ein wenig zu und weht vor allem gleichmäßiger. Nun er-scheinen auch nach und nach Wolken am Himmel, in der Regel Cirro-

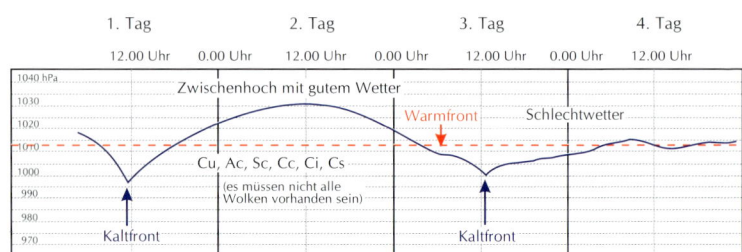

Abb. 63   Ein Zwischenhoch in einer Tiefdruckfolge. Der Luftdruck fällt meist schon am nächsten Tag wieder. Das folgende Tief mit wechselhaftem, schlechtem Wetter ist bereits im Anmarsch. Solche kurzzeitigen Hochs sind in der Regel nur Hochdruckrücken, seltener eigenständige antizyklonale Wirbel. Die Bewölkung besteht meist aus Cumuli, Altocumuli und einigen hohen Wolken.

cumuli, dann Altocumuli. Wenn die Bewölkung schließlich so dicht geworden ist, daß der größte Teil des Himmels davon bedeckt ist, und sie außerdem dunkel wirkt, dauert es meist nur noch wenige Stunden, bis es zu regnen beginnt. Die neue Wetterlage wird der **Westwind-Wettertyp** sein: windig, regnerisch, kühler und mit wenigen sonnigen Abschnitten.

Aber anstatt der Westwindlage kann auch eine **Gewitterlage** im Anmarsch sein. Zwar fällt auch in diesem Fall der Luftdruck langsam – nur etwa ein hPa in rund drei Stunden –, aber die Temperatur steigt deutlich, und man bekommt Anlaß, unter drückender Schwüle zu stöhnen. Dabei wird die Sicht nicht besser, sondern schlechter, und Windbewegungen sind kaum zu spüren. Die Wolkenbildung mit sich türmenden Cumuli zeigt deutlich, daß Gewitter in der Luft liegen.

5.2.3   Kurzzeitiges Hoch mit gutem Wetter

In einer Westlage, in der hintereinander eine Reihe von Tiefs zügig und in rascher Folge über uns hinwegzieht, sind kleine Hochs dazwischengeschaltet. Meist sind es nur Hochdruckrücken, manchmal aber auch selbständige Hochdruckwirbel.

Sie bringen als Zwischenhochs für kaum mehr als einen Tag Wetterbesserung. Der Himmel ist dabei in der Regel mehr oder weniger von Wolken besetzt, außer von Cumuli mit Alto- und Cirrocumuli, Cirren und Cirrostratus. Das eine Mal sind alle genannten Wolken zu entdecken, das andere Mal nur ein oder zwei Wolkenarten.

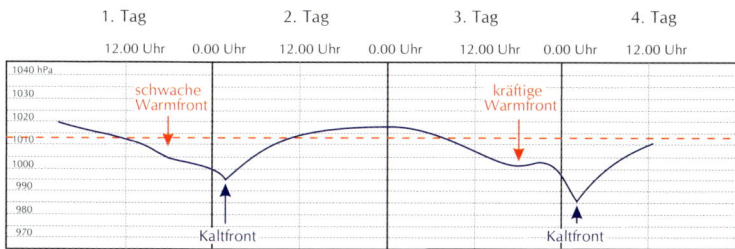

Abb. 64   Durchzug von Tiefdruckgebieten. Die Warmfronten sind in unseren Breiten je nach Jahreszeit unterschiedlich ausgeprägt. Im Mittelmeergebiet bringen sie aber Sturm und Regen bei oft schweren Gewittern. Auf der Barographenkurve lassen sich die Frontdurchgänge gut ausmachen. Eine solch wenig markante Warmfront wie die linke ist kaum wetterwirksam, die rechte brachte viel Regen aus einer Ns-Wolke. Die Kaltfronten sind immer wesentlich deutlicher zu erkennen. Auf ihrer Rückseite herrscht in der Regel ein Wetter mit Sonne, Wind und leichter Bewölkung.

Beobachtet man die Baraographenkurve und den westlichen Himmel, stellt man bald das nächste herannahende Tief und somit das kommende Schlechtwetter fest.

5.2.4   Die Barographenkurve einer Zyklone

Normalerweise bringt eine Warmfront Niederschläge. Doch die können mit großer oder mit sehr geringer Intensität niedergehen oder auch ganz ausfallen. Die Warmfronten haben je nach Jahreszeit eine unterschiedlich Ausprägung. Im Frühjahr und Herbst sind sie mit Nebel und Regen verbunden, im Sommer dagegen oft fast gar nicht zu bemerken, jedenfalls in Mitteleuropa. Ganz anders im Mittelmeergebiet: Dort lassen Warmfronten häufig äußerst heftigen Regen in Gewittern niederprasseln – so beim Scirocco (s. Kap. 6.2.5 und 7.1.5).

Die Barographenkurve fällt bei Annäherung der Warmfront relativ sanft ab. Wenn die Front angekommen ist, wird die Kurve oft nur etwas flacher, manchmal steigt sie wieder ein wenig an, so daß auf dem Papier eine seichte Mulde zu sehen ist. Je geringer die Modifikation der abfallenden Kurve durch die Warmfront ausfällt, desto unscheinbarer ist ihre Wetterwirksamkeit.

Tabelle 4   Zusammenfassung der Wettererscheinungen, die mit einer Warmfront normalerweise einhergehen. Das Wetter läuft in den meisten Fällen in der oben skizzierten Weise oder ihr ähnlich ab.

	Vor der Warmfront	In der Warmfront	Hinter der Warmfront
Wolken	Aufzug von Cirren (Ci), dann Cirrostratus (Cs), Altostratus (As), Stratocumulus (Sc). Tiefer gehende Wolkendecke	Nimbostratus (Ns), Stratus (St)	Stratus (St) oder Stratocumulus (Sc)
Wettererscheinungen	Halo (Cs), Höfe um Mond und Sonne, später leichter Regen	sich verstärkender Regen, der schließlich aufhört; evtl. Nebel, starker Dunst	im Frühjahr z. T. Nebel, Nieselregen
Luftdruck	fallend	gleichbleibend oder sehr leicht steigend oder fallend	fällt zunehmend
Wind	nimmt gleichmäßig zu, dabei leicht zurückdrehend	Wind frischt auf, leicht rechtsdrehend	Stärke und Richtung gleichbleibend
Temperatur	leicht steigend	steigend	gleichbleibend
Sicht	schlechter werdend	schlechte Sicht; z .T. Nebel	mittlere Sicht
Luftfeuchtigkeit	stark zunehmend	sehr hoch	hoch

Bald darauf beginnt der Luftdruck steiler zu fallen. Die erheblich **wetterwirksamere Kaltfront** folgt ihr mit Macht. Ist sie angelangt, zeichnet der Barograph meist einen scharfen Knick, die Kurve steigt genauso steil an, wie sie zuvor abgefallen ist.

Nachstehend sind die in den meisten Fällen zu beobachtenden Wettererscheinungen, die ein Tief mit seinen Fronten mit sich bringt, in Tabellenform zusammengefaßt.

5.2.5   Die Barographenkurve bei Durchzug einer Kaltfront

Der Durchzug einer **Kaltfront** kann, ähnlich der Warmfront, verschiedenartig ablaufen. Schon die Ankunft ist meist auffällig. Böiger Wind setzt ein, und mit viel Regen und Wind, sogar mit Sturm und Gewittern kann die Front über uns hinwegbrausen, vor allem wenn sie breit ist. Ist die Kaltfront schmal, wirkt sie sich moderater aus. Auch was

Tabelle 5   Zusammenfassung der Kaltfront-Wettererscheinungen. In den meisten Fällen läuft der Durchzug in der dargestellten oder einer ähnlichen Art ab.

	Vor der Kaltfront	In der Kaltfront	Hinter der Kaltfront
Wolken	Leicht bedeckt - Stratus (St), Stratocumulus (Sc), Altocumulus (Ac)	Nimbostratus (Ns) mit eingelagerten Cumuli (Cu) und Cumulonimbus (Cb)	aufgelockert; einzelne Cumuli (Cu), Cumulonimbus (Cb), Stratocumuli (Sc)
Wettererscheinungen	z.T. Nebel; einsetzender Regen	starker Regen, oft gewittrig, später Schauer	einzelne Schauer, böiger Wind
Luftdruck	zunächst gleichbleibend oder leicht fallend, dann zunehmend stärker fallend	mehr oder weniger scharfer Knick	erst stark, dann mäßiger steigend
Wind	in Richtung und Stärke konstant	stark zunehmend, wird böig, Richtung wechselt, nach rechts drehend	Stärke kurzzeitig abnehmend, sehr böig, Rechtsdrehung
Temperatur	gleichbleibend	leicht sinkend	stark zurückgehend
Sicht	schlechte bis mittlere Sicht	mittlere Sicht; in Schauern schlecht	gute bis sehr gute Sicht
Luftfeuchtigkeit	hoch	leichte Trocknung	schnelle Austrocknung

danach kommt, das Rückseitenwetter, ist in seiner nicht immer gleichen Gestaltung interessant.

- Eine **ungestörte Rückseite** einer Kaltfront ist in bezug auf das Wolkenbild und den Wind abwechslungsreich und willkommen. Die Barographenkurve steigt ungestört erst steil, dann allmählich flacher werdend, an. Der Wind dreht direkt nach Ankunft der Front nach rechts und bläst, in seiner Stärke langsam abnehmend und sich noch ein wenig weiter im Uhrzeigersinn drehend, aus west- bis nordwestlichen Richtungen. Der Himmel reißt hinter der Front auf, an Stelle dichter Bewölkung stehen nun mehr oder weniger große Cumuli, je nach Jahreszeit und Luftdruck, am Himmel. Die Sonne scheint, es ist bestes Wetter bei frischer Luft und guter Sicht, also gute Verhältnisse für Segler und Bergwanderer. In 80% aller Kaltfrontdurchgänge bringt die Rückseite gutes Wetter.

- **Ruhiges Rückseitenwetter**. Manchmal gestaltet sich das Wetter hinter der Front anstatt erfrischend und, wegen des Windes und der Cumulusbildung, lebendig, nur sonnig, ganz oder nahezu ohne Wolken und ohne Wind.

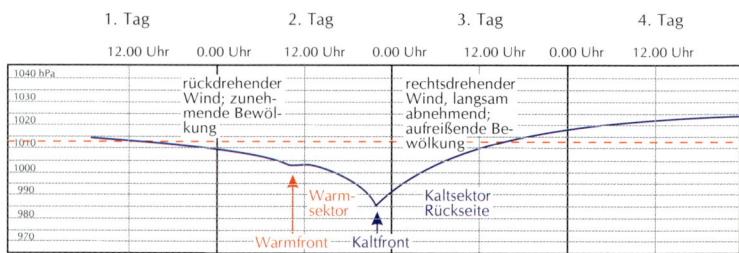

Abb. 65   Ungestörte Rückseite einer Kaltfront. Die Kaltfront ist durchgezogen, hinter ihr reißt die Bewölkung auf, die Sonne bricht durch und Cumuli entwickeln sich. Dabei steigt die Barographenkurve zunächst steil, dann flacher werdend an. Der Wind dreht nach rechts, bläst recht stark, nimmt aber allmählich ab. Solange der Luftdruck steigt, und das Barometer ein Hoch anzeigt, bleibt es schön, jedenfalls im Sommer, wenn keine Inversion eine Wolkendecke entstehen läßt. Bei ungefähr 80% aller Kaltfronten läuft das Wettergeschehen mehr oder weniger nach diesem Schema ab. Die Kaltfront ist auf dem Satellitenbild in der Regel an der Vorderseite des Kaltfrontwolkenbandes zu finden.

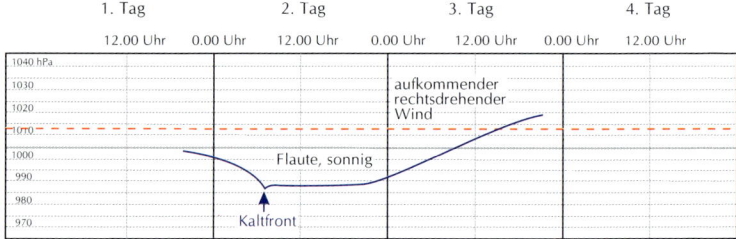

Abb. 66   Flaute auf der Rückseite einer Kaltfront. Eine Sonderform des Rückseitenwetters ist die Flaute nach Durchzug der Kaltfront. Die Barographenkurve steigt nur kurz an. Der Wind läßt nach, oft schläft er völlig ein, und die Sonne brennt vom häufig wolkenlosen Himmel. Erst wenn der Luftdruck wieder zu steigen beginnt, lebt der Wind auf, und man kann davon ausgehen, daß das Wetter noch eine Weile schön bleibt.

Der Barograph zeichnet schon einen flacheren Abfall bei Annäherung der Front. Das ist der erste Hinweis auf die Flaute der Rückseite. Nach dem Durchzug steigt der Luftdruck nur sehr kurzzeitig steil an, dann bleibt er entweder über längere Zeit konstant oder steigt nur unbedeutend weiter. Die Wetteraktivität

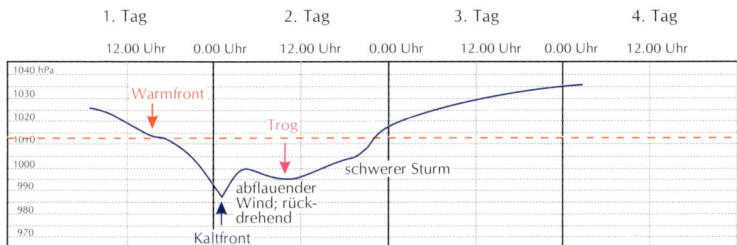

Abb. 67   Stürmische Troglage hinter einer Kaltfront. Eine Troglage ist nur auf der Barographenkurve sicher zu erkennen. Zunächst zieht wie üblich eine Kaltfront durch. Die ersten Hinweise auf einen Trog erhält man dadurch, daß die Sicht nicht rasch besser wird, die Wolkendecke nicht oder nicht zügig aufreißt und der Wind nicht deutlich rechtsherum dreht. Zwar steigt der Luftdruck direkt hinter der Kaltfront, aber innerhalb von längstens drei Stunden stoppt der Anstieg - es kommt sogar zu einem leichten Druckabfall, der bis etwa 20 Stunden anhalten kann. Wenn der Wind etwas zurückdreht, dauert es vielleicht noch eine knappe Stunde, bis ein Sturm mit 7 bis 10 Bft losbricht.

der Kaltfront selbst ist auch nur gering. Der Wind nimmt sofort hinter ihr nicht zu, sondern ab. Steigt der Luftdruck nach einiger Zeit wieder steiler an, folgen weitere schöne Tage, in denen Wind aufkommt und sich Cumuli bilden, so wie es sich für eine Rückseite üblicherweise gehört.

– **Ein Trog** folgt der Kaltfront. Erhöht sich nach der oben beschriebenen Flaute bei gleichbleibendem Barometerstand der Luftdruck nicht doch noch, sondern beginnt er zu sinken, muß man sich auf äußerst turbulentes Wetter gefaßt machen, denn es folgt ein Trog.

Ein Trog kann sich auf der Rückseite eines Tiefs entwickeln, wenn dieses das Okklusionsstadium erreicht hat. Die okkludierte Front läuft einmal rund um den Kern des Tiefs und nähert sich der Kaltfront von hinten. Durch die verschieden temperierten Luftmassen können schwere Stürme entstehen.

Mit einem Trogsturm muß man rechnen, wenn das Barometer innerhalb eines halben bis längstens eines Tages nach dem Kaltfrontdurchzug nicht steigt, sogar wieder fällt. Der Wind dreht dabei wieder zurück, also nach links.

Ein Kaltfrontdurchzug dauert in der Regel etwa eine Stunde. Im Winter bringt sie an der Küste häufig eine Erwärmung. In diesem Fall sind die Wettereigenschaften eher einer Warmfront ähnlich. Manchmal ist eine

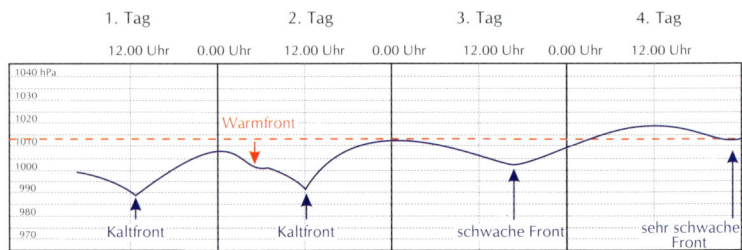

Abb 68   Eine zu Ende gehende Westlage. Die Westlage, in der ein Tief das andere jagte, neigt sich langsam ihrem Ende zu. Die einzelnen Kaltfrontpassagen zeigen einen immer höheren Luftdruck, und die Zacken, welche die Frontdurchgänge markieren, werden zu Mulden verflacht. Das Wetter der Fronten wird dabei zunehmend moderater.

Kaltfront in zwei Teile aufgesplittet: Zwei zusammengehörende Fronten folgen einander dicht aufgeschlossen. Hinter der ersten steigt der Luftdruck kurzfristig, fällt dann aber wieder, normalerweise etwas stärker als bei einem Trog, doch läßt es sich kaum unterscheiden. Die zweite Front ist in aller Regel stärker ausgeprägt, aber hinter ihr folgt das sonnige Wetter mit Quellbewölkung.

Bisweilen fällt die Barographenkurve vor einer Kaltfront nur leicht. Der Himmel ist bedeckt, es weht ein leichter konstanter Wind aus ebenso gleichbleibender Richtung. Nun ist vor allem für Segler Vorsicht angeraten, besonders dann, wenn es anfängt zu regnen. Es handelt sich bei dieser Situation um keinen harmlosen Regentag, sondern um eine langsam heranziehende Kaltfront, hinter der es Sturm geben wird. Sobald der Niederschlag aufhört, setzt schlagartig böiger Sturm ein, und die Windrichtung ändert sich um 90° und mehr.

5.2.6   Eine zu Ende gehende Westlage

Irgendwann einmal geht auch eine Westlage mit ihrem wechselhaften, feuchten und im Sommer kühlen Wetter zu Ende. Ein Ende der Serie von Zyklonen, die einander hinterherjagen, ist dann in Sicht, wenn die einzelnen Depressionen immer weniger wetterwirksam werden und die Barographenkurve während der Frontdurchgänge einen ständig steigenden Luftdruck nachweist.

Regen und Wind lassen innerhalb der Fronten in ihrer Intensität nach, und die Sonne scheint immer öfter. Sobald das die Schlechtwetterperiode

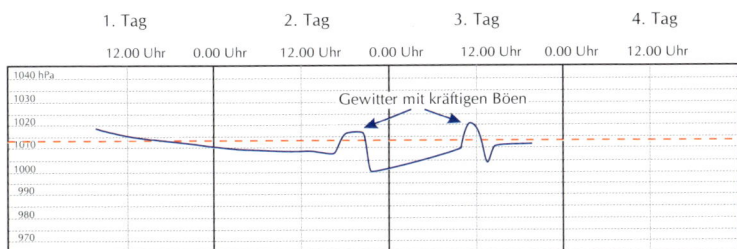

Abb. 69 Sommerliche Gewitterlage. Bei einer Gewitterlage steigen Temperatur und Luftfeuchtigkeit, so daß zu fühlen ist, was auf einen zukommt. Dabei fällt der Luftdruck langsam. Erst in letzter Minute springt die Barographennadel um 3 bis 5 hPa nach oben. Nun kann jederzeit die erste Böenwalze in Sturmstärke einsetzen.

ablösende Hoch vor der Tür steht, werden aus den Zacken, welche die Durchgänge der Kaltfronten signalisieren, Mulden mit zunehmender Breite. Langsam stellt sich Hochdruckwetter mit Sonne, zunächst mit Wind und frischer Luft ein.

5.2.7 Gewitterlage

Auch eine Gewitterlage an heißen Sommertagen wird vom Barographen angezeigt. Der Luftdruck fällt langsam, um weniger als 1 hPa in drei Stunden. Einen guten Hinweis gibt das Radio. Wenn es auf Mittelwelle zu prasseln beginnt, sind die Gewitter noch einige Stunden entfernt. Aber mittlerweile liegt das Gewitter bereits fühlbar in der Luft: Die Temperatur steigt, und die Luftfeuchtigkeit nimmt zu. Steht das Gewitter unmittelbar bevor, was an der mächtigen Cumulonimbus nicht zu übersehen ist, springt der Luftdruck innerhalb einer Minute um 3 bis 5 hPa in die Höhe. Nun sind für die Segler die allerletzten Sekunden angebrochen, um schnellstens die Sturmbesegelung zu setzen oder alles niederzuholen und den Motor zu starten, denn jetzt kann jederzeit die erste Böenwalze in voller Sturmstärke einsetzen.

Kaltfrontgewitter äußern sich in der Barographenkurve genauso wie jede Kaltfront. Daß in ihr Gewitter eingelagert sind, hört man an den Störungen auf Mittelwelle. Aber wenn während einer sommerlichen Hitzeperiode das Barometer fällt und eine Kaltfrontpassage andeutet, ist ohnehin anzunehmen, daß sie mit Gewittern verbunden sind (s. Kap. 7.3).

6   Häufige Wetterlagen

6.1   In Mitteleuropa bestimmende Großwetterlagen

Der Wetterzustand, der mit charakteristischen Merkmalen während einer kürzeren Zeitdauer in einem bestimmten Gebiet herrscht, wird von einer bestimmten **Wetterlage** verursacht. Sind ungefähr die gleichen Charakteristiken über mehrere Tage hinweg festzustellen, ähneln sich also die Wetterlagen, kann man sie zu einer **Großwetterlage** zusammenfassen. Sie wird von einer bestimmten Luftdruckverteilung geprägt, der Verteilung von quasistationären Hochs und Tiefs auf dem Gebiet Europas und der angrenzenden Meere. Der Witterungscharakter kann entsprechend der Druckverteilung zyklonale oder antizyklonale Merkmale tragen.

Für Europa werden 29 verschiedene Großwetterlagen beschrieben, für Mitteleuropa sind acht solcher Wetterlagen bedeutsam. Die unser Wetter bestimmende Zirkulation kann zonaler Art sein, bei der die Luftströmung parallel zu den Breitenkreisen verläuft. Sie kann aber auch meridional sein, der horizontale Luftaustausch erfolgt also von Nord nach Süd und umgekehrt. Und sie kann eine Mischung der beiden darstellen, so daß die zonale und meridionale Zirkulation miteinander verbunden sind.

Die acht für unser Gebiet wichtigen Großwetterlagen sind folgende: **Westlage, Nordlage, Ostlage, Südlage, Südwestlage, Nordwestlage, Tief über Mitteleuropa** und **Hoch über Mitteleuropa**. Die Druckverteilung der vier erstgenannten Wetterlagen ist in Abb. 70 eingezeichnet; siehe dazu auch Abb. 22 in Kap. 1.4.5. Einige in jenem Kapitel niedergeschriebene Regeln geben Auskunft über den Zustrom verschiedener Luftmassen und über das zu erwartende Wetter.

Im langjährigen Mittel gestaltet die reine **Westlage** an 26% aller Tage des Jahres unser Wetter. Insgesamt sind die Wetterlagen mit westlicher Komponente – darin sind demnach die Nordwest- und Südwestlagen eingeschlossen –, mit 40 bis 50% an allen Tagen im Sommer und Winter, zu 28% im Frühjahr und zu 40% im Herbst an unserem Wetter ursächlich beteiligt. Das bedeutet, daß vor allem die mitteleuropäischen Sommer und Winter sehr deutlich maritim geprägt sind. Unsere Sommer fallen im Normalfall überwiegend relativ kühl und wechselhaft aus und die Winter niederschlagsreich und mild. Aus Abb. 72 ist der Zusammenhang zwischen westlichen Lagen und Niederschlägen (in Frankfurt a. M.) ersichtlich. Das Sommermaximum ist auf starke konvektive Bewölkung

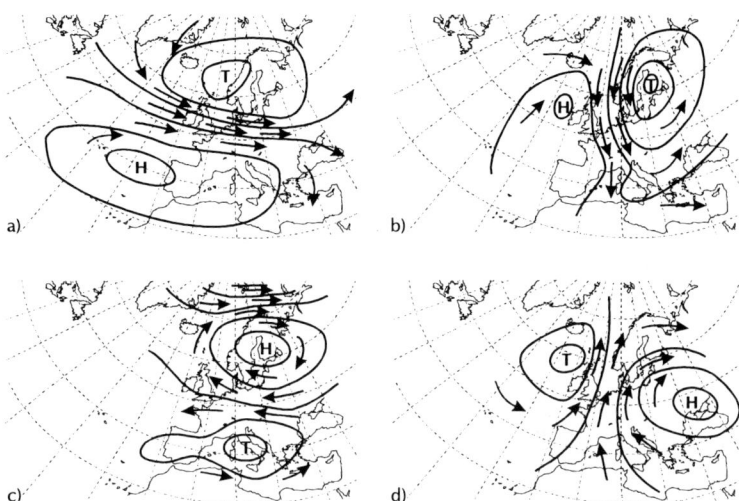

Abb. 70 Großwettertlagen: a) Westlage, b) Nordlage, c) Ostlage, d) Südlage.
Die dargestellten vier Großwetterlagen werden von der Lage der quasistationären bestimmenden Hoch- und Tiefdruckgebiete verursacht. Je nach Lage dieser
Druckgebilde haben die Luftströmungen zonalen (parallel der Breitenkreise),
meridionalen (parallel der Meridiane) oder gemischten Charakter. Gemischten
Charakter haben die nicht gezeichneten Nordwest- und Südwestlagen, die
durch die Verschiebung des Azorenhochs nach Norden bzw. nach Osten, mit
einem Hochdruckkeil bis ins östliche Mitteleuropa hinein, zustande kommen. In
die Strömungen eingelagert sind Tiefs, die ein ihnen gemäßes Wetter bringen.
Sie sind bei uns mehr oder weniger wetterwirksam, je nachdem, auf welchen
Weg sie von den umfangreichen, quasistationären Hochs und Tiefs gelenkt
werden.
Als siebenter und achter Großwetterlagentyp gelten ein über Mitteleuropa gelegenes Hoch bzw. Tief; beide sind nicht dargestellt.

mit Niederschlägen und den höheren Feuchtigkeitsgehalt der warmen Luft
zurückzuführen.

Die Lage der Luftdruckgebiete bei der **Westlage**: Das Azorenhoch liegt
bei den namengebenden Inseln im Atlantik, und ein zentrales Tief
beherrscht den Nordatlantik zwischen Island und Skandinavien. Zwischen
den beiden steuernden mächtigen Druckgebilden reicht eine ausgeprägte
Westwindzone vom Atlantik bis nach Mitteleuropa (s. Kap. 1.4 ff). In ihr
ziehen Zyklonenfamilien ostwärts, die unser Wetter so abwechslungsreich
mit Sonne, Wind und Regen gestalten, indem ihre Fronten in steter
Reihenfolge über uns hinwegziehen.

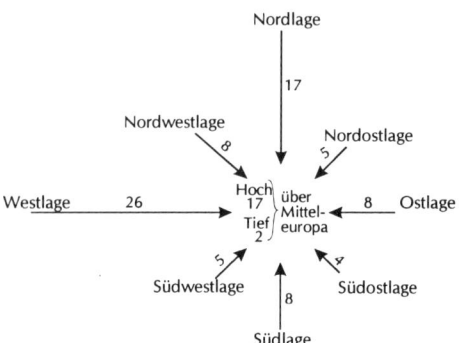

Abb. 71   Häufigkeit der Mitteleuropa bestimmenden Großwetterlagen im langjährigen Jahresmittel (1931 bis 1960). Angaben in Prozenten. (Nach: Wie funktioniert das? - Wetter und Klima. Mannheim, 1989, Meyers Lexikonverlag).

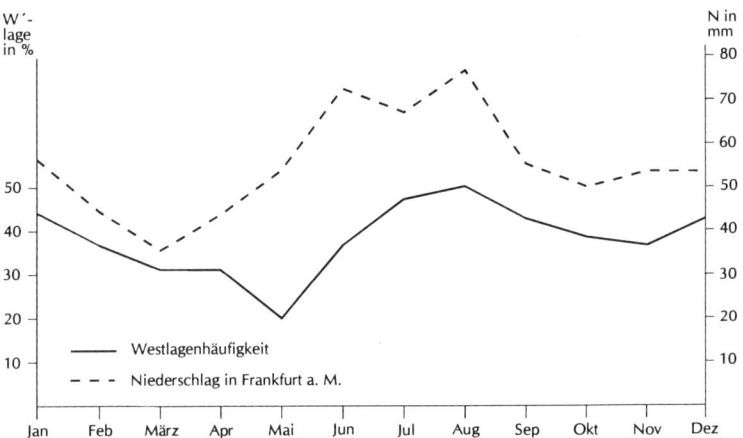

Abb. 72   Durchschnittliche monatliche Häufigkeit der westlichen Lagen (West-, Südwest-, Nordwestlagen) im langjährigen Mittel (1931 bis 1960) und die jahreszeitliche Verteilung der Niederschläge in Frankfurt am Main.

Die zonale Zirkulation kann natürlich mit überwiegend schlechtem oder eher besserem Wetter verbunden sein, das hängt von der Lage und Ausdehnung des Azorenhochs ab. Liegt diese umfangreiche Antizyklone weit im Süden, überstreichen auch die Zyklonen ein Gebiet recht weit im Süden, etwa um den 50. Breitenkreis auf ihrem Weg nach Osten. Befindet sich das Subtropenhoch weiter nördlich, wobei es oft einen Keil nach Mitteleuropa schickt, wandern die Tiefs weiter im Norden, ungefähr 10 Breitengrade nördlicher in Richtung Osten. Die Bewölkung in Mittel-

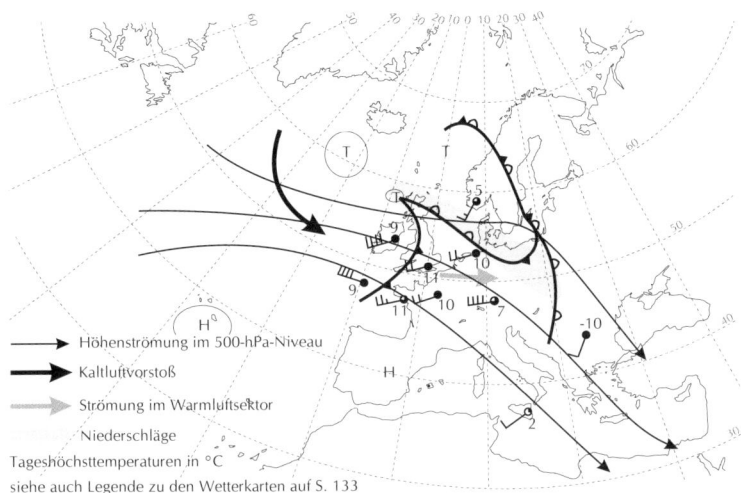

Höhenströmung im 500-hPa-Niveau

Kaltluftvorstoß

Strömung im Warmluftsektor

Niederschläge

Tageshöchsttemperaturen in °C

siehe auch Legende zu den Wetterkarten auf S. 133

Abb. 73 Bodenwetterkarte einer Westlage im Januar. In der zonalen Strömung zwischen den steuernden Druckgebilden, dem Subtropenhoch über dem Atlantik, mit Ausläufern über Spanien und Südfrankreich, und einem Tief im Nordatlantik im isländischen Raum, ziehen Tiefdruckgebiete mit ihren Fronten vom Atlantik nach Europa. Die Frontalzone zwischen den beiden ist zwischen 50 und 60° nördl. Breite angesiedelt. Die Höhenströmungspfeile deuten die Lage der starken Höhenwinde (Jetstream) an. Innerhalb dieser Zone wandern Tiefs und Zwischenhochs vom Atlantik über die Britischen Inseln, Nord- und Ostsee nach Osteuropa.

Das Wetter in Nord-, West- und Mitteleuropa ist sehr wechselhaft. Im Süden Mitteleuropas fallen erheblich weniger Niederschläge als im nördlichen Teil. Im Mittelmeerraum ist es ausgesprochen sonnig, trocken und nur schwachwindig. Der nördliche Teil Mitteleuropas, der Westen unseres Kontinents und der Norden hat einen ständigen Wechsel zwischen längeren Niederschlägen und Schauern, nur zu Beginn als Schnee, dann als Regen, und halbtägigen bis eintägigen sonnigen Abschnitten der Zwischenhochs zu erdulden. Der Wind bläst dabei entsprechend der jeweiligen Abschnitte der Zyklone in unterschiedlicher Stärke und Richtung, insgesamt jedoch aus westlichen Richtungen.

Solche Wetterlagen treten am häufigsten im Juli und August auf, wobei der Sommer zumindest ab Norddeutschland nach Norden hin unangenehm feucht und kühl ist. Tritt sie im Winter auf, herrscht naßkaltes Schnupfenwetter.

europa ist bei der antizyklonalen Westlage dann insgesamt schwächer, das Wetter ist von sehr viel mehr Sonnenschein charakterisiert als bei der zuvor beschriebenen zyklonalen Westlage. Diese relativ enge Eingrenzung – es handelt sich bei den als Anhaltspunkt genannten 10 Breitengraden

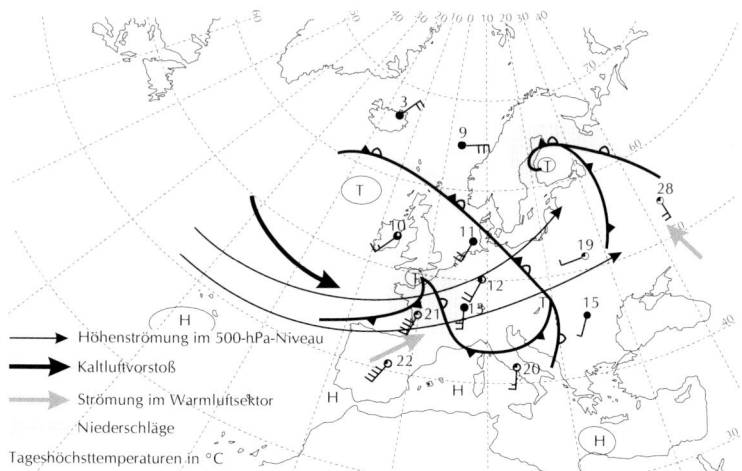

Abb. 74   Bodenwetterkarte einer Südwestlage im Frühjahr. Zwischen dem Azorenhoch und dem Tief nördlich von Irland bewegen sich auf einer südwestnordöstlichen Route eine Reihe von Tiefdruckgebieten über Mitteleuropa hinweg. Die Frontalzone ist bei der Lage der steuernden Druckgebilde weit nach Süden verschoben, so daß die wandernden Zyklone und Zwischenhochs südlich der Britischen Inseln durchziehen. Über Deutschland biegen sie in nordöstliche Richtung ab. Der zyklonale Einflußbereich reicht bis nach Südfrankreich und Oberitalien. Da das steuernde Tief über dem Atlantik auf Höhe Schottlands liegt, geraten weite Teile des Nordatlantiks unter Einfluß eines Polarhochs. Das Azorenhoch reicht mit Ausläufern bis Nordafrika und Südspanien.

Über Westeuropa und Mitteleuropa entladen die dichten Wolken ihre ergiebige Fracht, die Temperaturen sind relativ hoch und es ist schwül, im Sommer wäre es bei dieser Wetterlage relativ kühl.

Es besteht im Frühjahr durchaus die Möglichkeit, daß nach Auflösung der Okklusionsfront von Nordosten kalte Ausläufer eines alten Tiefs bis zur Ostsee und Schleswig-Holstein gebracht werden und dort zu Schneefällen führen.

Die Winde wehen mäßig bis frisch aus südwestlichen Richtungen, je nach Sektor. Schönes trockenes Wetter herrscht nur über Spanien und Nordafrika.

nur um ca. 1.100 km – hat doch zur Folge, daß Norddeutschland auch im Juli und August oft von einer regnerischen, windigen und kühlen zyklonalen Westwindlage beherrscht wird, während in Süddeutschland die Sonne scheint.

Nordwestlage. Bei der Nordwestlage ist das Azorenhoch weiter nach Norden verschoben. Daraus folgt eine gemischte Zirkulationsform, wir werden von einer nordwestlichen Strömung erfaßt. Auch hier ist es so, daß ein weiter nach Osten ausgedehntes Hoch uns eher antizyklonal geprägtes Wetter beschert und ein mehr im Westen gelegenes Hoch für Mitteleuropa eine zyklonale Nordwestlage bedeutet. Die in die allgemeine Luftströmung eingelagerten Tiefs bringen häufig ergiebige Niederschläge, aus denen immer wieder Hochwassergefahr erwächst.

Südwestlage. Dehnt sich das Hoch über den Azoren mit einem Keil über Spanien bis zum östlichen Mitteleuropa aus, bekommen wir bei sonnigem Wetter aus Südwesten milde Luft zugeführt.

Die **Bauernregeln** beruhen durchaus auf genauen Wetterbeobachtungen und stimmen daher in einer Reihe von Fällen mit dem Wetterablauf mehr oder weniger überein. Zwei Zeiträume für immer wieder zu registrierende Großwetterlagen mit westlicher Komponente sind allgemein bekannt: der Siebenschläfertag am 27. Juni, der nach der Bauernregel die Witterung der folgenden Wochen anzeigt, und das Weihnachtstauwetter. In der Zeit um den Siebenschläfertag stellt sich tatsächlich nach einer längeren Wärmeperiode die großräumige Zirkulation auf eine Westlage um, welche kühles und wechselhaftes Wetter mit sich bringt. Beim Weihnachtstauwetter handelt es sich um eine mit schöner Regelmäßigkeit in den meisten Jahren sich einstellende Südwest- oder Westlage, die zwischen Weihnachten und Neujahr milde Luft heranführt und so für Tauwetter bis in mittlere Lagen und dadurch bedingte Überschwemmungen sorgt (s. Kap 6.3).

Ostlage. Die Ostlage läßt uns am kontinentalen Klima ein wenig teilnehmen. An durchschnittlich 27 % aller Maitage haben wir Ostwind. Das ist die größte Häufigkeit dieser Wetterlage im Jahresverlauf. Im Juli sind es nur ca. 10 %, im Januar aber immerhin 20 %, und das bedeutet in diesem Monat strengen Frost.

Die Verteilung der Luftdruckgebiete sieht folgendermaßen aus: Ein Hoch überdeckt Skandinavien und den westlichen Teil Nordrußlands. Das Gegenstück, ein ausgedehntes Tief, liegt über dem Mittelmeer. Die beiden Druckgebilde schaufeln in dieser Konstellation Luft aus Osten nach Mitteleuropa (s. Abb. 70 und 75). Das Hoch zog meist vom Nordatlantik unter Verstärkung nach Osten, zuvor machte es sich also schon durch Zufuhr von Luft direkt aus Norden bemerkbar. Ist es über Skandinavien angelangt, lenkt es im Sommer heiße Festlandsluft und im Winter kalte oder, je nach Lage der Luftdruckgebiete, sogar extrem kalte sibirische Polarluft nach Mitteleuropa.

Da die Wetterlagen mit östlichen Windrichtungen eine große Erhaltungstendenz besitzen, sind die auf sie zurückzuführenden strengen Frost-

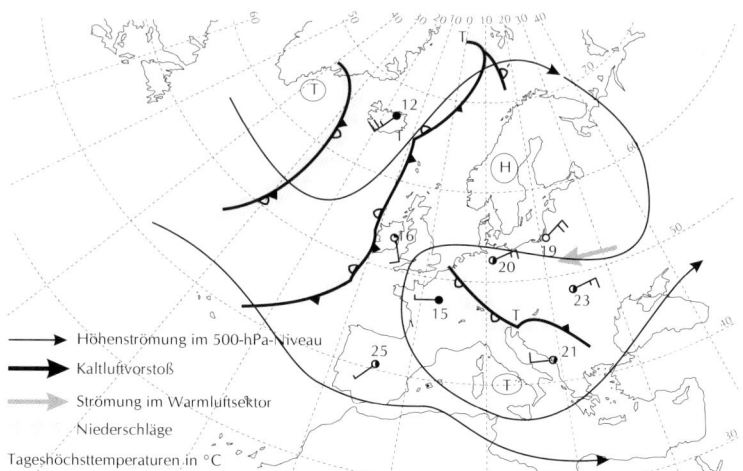

Abb. 75   Bodenwetterkarte einer Ostlage im Herbst. Das blockierende umfangreiche Hoch befindet sich über Skandinavien. Das Tief liegt über dem Mittelmeer. Zwischen ihnen strömt Luft aus östlichen Richtungen nach Mitteleuropa
ein. Die Tiefs über dem Atlantik werden geteilt, wobei der nördliche Teil um
das skandinavische Hoch nach Norden geführt wird und der südliche Teil über
die spanische Halbinsel in Mittelmeer. Vom Mittelmeer gelangt ein Tief bis ins
nördliche Alpenvorland - die Warmfront überdeckt ganz Deutschland.
In Nordeuropa herrscht trockenes Wetter mit nur wenigen Wolken am Himmel.
Im von dem Tief erfaßten Mitteleuropa hingegen ist das Wetter sehr gemischt.
Bei dieser Wetterlage ist es von Frühjahr bis Frühherbst schwül und warm, von
Gewittern durchsetzt, im Winter ist es kalt, zum Teil sehr kalt, und die Niederschläge fallen als Schnee. Der Wind weht in Mitteleuropa überwiegend aus
östlichen Richtungen und ist meist mäßig bis frisch.

perioden im Winter und Hitzeperioden im Sommer von langer Dauer. Das
Wetter ist bei der relativ trockenen Luft im Sommer in der Regel sonnig,
im Winter aber oft wegen einer Inversion trüb. Und wenn gar ein
Kaltlufttropfen eingelagert ist, ein Überbleibsel einer okkludierten
aufgelösten Zyklone, ist es stark bewölkt. Die Wolken gehören zu einer
Aufgleitbewegung, und so kann es zu ergiebigen Niederschlägen
kommen. Regen und Schnee können auch dann fallen, wenn aus Südosten
Ausläufer des Mittelmeertiefs auf die Alpennordseite gelangen.

Ein Beispiel für sehr lang andauernde Ostlagen in Folge ist der Winter
1995/96. Die aus den Ostlagen resultierende Kälte war in Mitteleuropa
überall zu spüren, sogar in Großbritannien herrschten zeitweise unge-

wohnte Kältegrade. Schon im Dezember war es in ganz Deutschland gegenüber dem langjährigen Durchschnitt bis 4,3 °C zu kalt (Hamburg), und das bei weit überdurchschnittlicher Sonnenscheindauer (Hamburg 118%, List auf Sylt 168%) und einem bis 8,5 haPa zu hohen Luftdruck. Das fennoskandische Hoch beeinflußte sehr stark vor allem Nord- und Ostdeutschland.

Der Januar brachte in Hinsicht auf die Temperatur eine bemerkenswerte Zweiteilung: In Höhen über 1000 m wurden zu hohe Temperaturen gemessen, darunter zu niedrige. So wich die Durchschnittstemperatur auf dem Feldberg im Schwarzwald um 5 °C nach oben ab und auf der Zugspitze um 4,1 °C. Dabei kam die Sonnenscheindauer auf 207 bzw. 151%. Konstanz hingegen wies eine um 0,3 °C zu niedrige Mitteltemperatur auf und kam nur in den Genuß von 55% der druchschnittlichen Sonnenscheindauer. Trübe Tage gab es auf der Zugspitze nur acht, auf dem Feldberg auch nur sieben, aber in Konstanz 28, in Freiburg 27 und in Ulm 26. Die Temperaturinversion (s. Abb. 29 u. 32) in Deutschland war zeitweise außerordentlich markant. Auch in Hamburg lag der Temperaturmittelwert zu tief, und zwar um 3,4 °C, aber dort war es nicht so trüb wie in den oben genannten Städten, die Sonne schien mit 172% sehr viel häufiger als im langjährigen Mittel.

Die Wetterlage mit dem sich immer wieder sehr weit ausdehnenden, kräftigen fennoskandischen Hoch verursachte vor allem in Nord- und Ostdeutschland einen bis 10 hPa zu hohen Luftdruck-Mittelwert und in ganz Deutschland empfindliche Kälte bei extremer Trockenheit und fast überall weit überdurchschnittlich viel Sonnenschein.

Im Februar setzte sich der zu kalte Winter fort. Immer noch ließen die Ostlagen die Sonne zu häufig vom Himmel strahlen, unterbrochen von einigen Nordlagen, aber auch von Südostlagen, die etwas Schnee brachten.

Der März wurde bis zum Zeitpunkt der Niederschrift nicht viel wärmer. Die schon gewohnte Wetterlage führte z. B. am 12. März dazu, daß zwischen dem mächtigen Hoch über Fennoskandien und Rußland und einem Tief über dem Ostatlantik warme Luft aus südlichen Breiten Spitzbergen eine Minimaltemperatur von +4 °C bescherte, während in weiten Teilen Griechenlands, der Türkei und Bulgariens die Tiefstwerte unter 0 °C lagen. In Athen war es somit um mehrere °C kälter als am Nordkap und auf Spitzbergen. In Mitteleuropa, wo das Thermometer noch vielerorts unter -10 °C sank, ließ der Frühling zu der Zeit vergeblich auf sich warten.

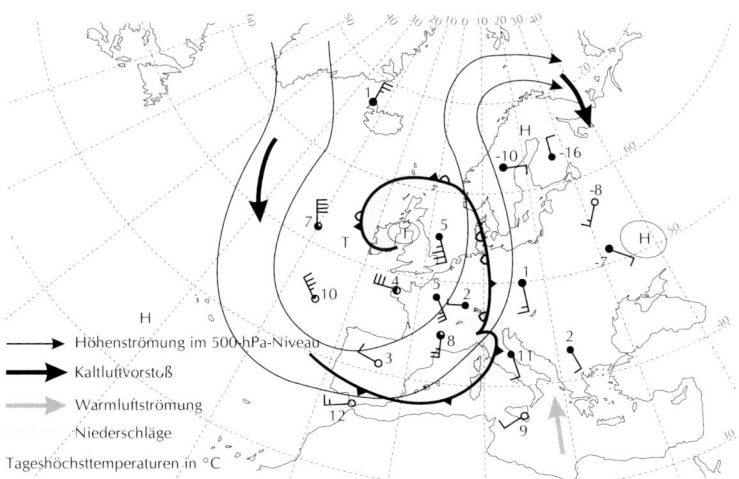

Abb. 76   Bodenwetterkarte einer Südlage im Februar. Das blockierende Hochdruckgebiet befindet sich sehr weit im Osten über Rußland, während ein kräftiges Tief über dem Gebiet der Britischen Inseln lagert. Wegen des weit entfernten östlichen Hochs steuert vor allem das westliche Tiefdruckgebiet die Luftströmung, die uns aus südlichen Richtungen erreicht und eingelagerte Störungen mitbringt. Beeinflußt bzw. erfaßt werden davon Frankreich, Mitteleuropa, Mittel- bis Norditalien und der Süden Skandinaviens.

Das Wetter gestaltet sich meist bedeckt, regnerisch und relativ warm, so daß in unserem Gebiet Tauwetter einsetzte. Der Wind ist mäßig bis stark. Am Alpennordrand kam es nach Abzug des Tiefs zu föhnigen Aufheiterungen.

Bei Südlagen muß es natürlich nicht immer regnerisch sein. Es kann genausogut außer über Ostrußland noch ein Hoch über dem Alpenraum liegen. In dem Fall haben wir eine antizyklonale Südlage, bei welcher der Tag sonnig verläuft, es aber am Morgen oft nebelig ist. Der Föhneinfluß im nördlichen Alpenvorland erfolgt bei einer Südströmung zwangsläufig. Der Föhnwind kann in den nördlichen Alpen eine Geschwindigkeit von über 100 km/h aufweisen und den Schnee sehr schnell zum Schmelzen bringen (s. Kap. 7.1.1). Während die Tempreraturen in Mitteleuropa durchweg hoch sind, liegen sie im winterlichen Osten, wo das Hoch herrscht, sehr niedrig (Strahlungsfrost).

Südlagen. Liegt das Hoch über Rußlands Süden, haben wir es entsprechend der Zirkulation um ein Hoch mit einer Südlage zu tun. Die Tiefs werden weiträumig über den Ostatlantik und den Britischen Inseln um Mitteleuropa herumgeleitet. Subtropische Warmluft aus Süden bestimmt wesentlich unsere Lufttemperatur. Am Alpennordrand herrscht föhniger Einfluß, der das Quecksilber auch im Alpenvorland zusätzlich in die Höhe treibt. In ganz Mitteleuropa hat man warmes, im Sommerhalbjahr heißes und meist sonniges Wetter. Nur im Winter ist es wegen einer sich bildenden Inversion häufig nebelig und trüb.

Eine Südlage bedeutet allerdings nicht grundsätzlich schönes Wetter, es kommt darauf an, wo die Druckgebilde liegen. In Abb. 76 ist das östliche Hoch sehr weit im Osten, so daß wir eher zyklonales Wetter haben. Man muß auf den Wetterkarten die Bewegungen der bestimmenden Hochs und Tiefs verfolgen, um die Wetterentwicklung der nächsten Tage besser verstehen zu können.

Ab und zu, vor allem im Frühjahr, führt die hochreichende südliche Luftströmung Wüstenstaub aus der Sahara mit, so daß rötlich gefärbter Regen (Blutregen) niedergeht (s. Abb. 89).

Nordlage. Sie hat ihre größte Häufigkeit natürlich im wetterwendischen, meist unangenehmen April. An insgesamt rund 25 % aller Tage, kommt sie im Frühjahr von April bis Juni vor. Die Erwärmung wird dadurch immer wieder von heftigen Regen- und Schneeschauern unterbrochen und zurückgeworfen. Bekannt für solches Wetter sind außer dem bereits erwähnten April vor allem die Eisheiligen um den 12. Mai und die Schafskälte um den 10. Juni. Dann geht der Kaltluftvorrat in den polaren Breiten langsam zur Neige, so daß die Kaltluftvorstöße im August schließlich nur noch mit 8 % eine sehr geringe Häufigkeit aufweisen.

Die Druckverteilung sieht so aus, daß ein blockierendes Hoch über dem Ostatlantik oder den Britischen Inseln lagert und ein Tief über der Ostsee und dem Baltikum. Dadurch strömt auf kurzem Weg arktische Polarluft nach Mitteleuropa.

Manchmal entwickelt sich während Nordlagen die Großwetterlage **Tief Mitteleuropa**, die durch ein hochreichendes kaltes Tief gekennzeichnet ist, das mit seinen ausgedehnten Aufgleitvorgängen naßkaltes Wetter bringt – allerdings nur mit 2 % Häufigkeit im Jahresdurchschnitt.

Öfter kommt die Wetterlage **Hoch Mitteleuropa** – immerhin mit 17 % Häufigkeit – zustande. Dabei setzt sich ein warmes Hoch für eine Reihe von Tagen über Mitteleuropa fest. Die Schönwetterlage kommt zu allen Jahreszeiten vor. Bekannt ist der sehr regelmäßig kommende Altweibersommer im Herbst (s. Kap. 6.3). Zur kühlen und kalten Jahreszeit ist das Wetter freilich wegen einer sich entwickelnden Inversion in tieferen Lagen, in Senken und Tälern mit Nebel und Hochnebel verbunden, was zu einer gesundheitlich nicht unbedenklichen Smoglage führen kann. In höheren Lagen der Mittelgebirge und der Alpen ist es hingegen sonnig und mild mit häufig sehr guter Sicht.Im folgenden Kapitel werden

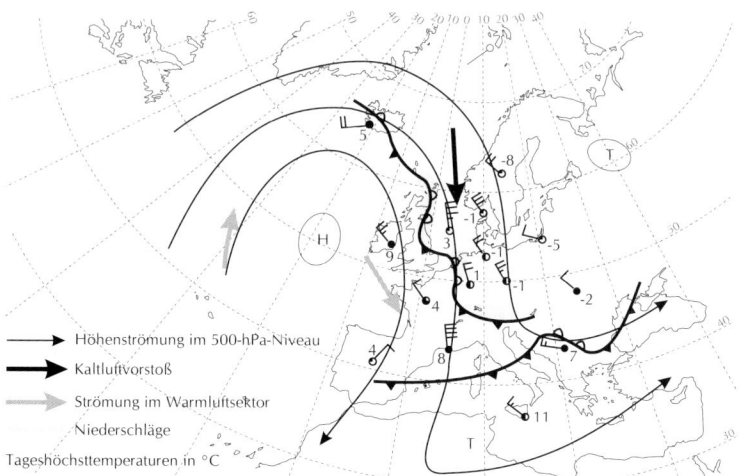

Höhenströmung im 500-hPa-Niveau

Kaltluftvorstoß

Strömung im Warmluftsektor

Niederschläge

Tageshöchsttemperaturen in °C

Abb. 77   Bodenwetterkarte einer Nordlage im März. Ein sehr ausgedehntes blockierendes Hoch liegt westlich der Britischen Inseln. Ihm gegenüber befindet sich im nordwestlichen Rußland ein zentrales Tief. Zwischen diesen beiden Drucksystemen strömt kalte Meeresluft nach Mitteleuropa und kaum weniger kalte nach Westeuropa. Mit dieser Strömung kommen von Island aus Schlechtwettergebiete über die Nordsee nach Süden und Südosten voran. Im Rhonetal bläst der Mistral (s. Kap. 7.1.3). Bei dieser Wetterlage haben Mitteleuropa, Nordeuropa, Südosteuropa und Italien wechselhaftes, kaltes, von Niederschlägen durchsetztes Wetter. Der Wind kommt frisch und böig aus nördlichen Richtungen. Am Nordrand der Alpen fallen wegen der Staulage ausgiebige Niederschläge, im vorliegenden Fall überwiegend als Schnee.

Bei einer solchen Druckkonstellation liegen die Temperaturen zu allen Jahreszeiten, mit Ausnahme des Winters, unter dem Durchschnitt.

Wenn das russische Tief stärker ausgebildet weiter im Westen liegt, ist mit kräftigem Schneefall von Ost- bis Mitteleuropa zu rechnen, bei oft starken Winden und strengem Frost, letzteres vor allem, wenn es aufklart.

Ist das östliche Tief weniger ausgeprägt und liegt das westliche bestimmende Hoch über den Britischen Inseln, herrscht in Mitteleuropa meist schönes Wetter, d. h. im Winter wegen der Ausstrahlung sehr kaltes Frostwetter. Im Sommer ist es zwar sonnig, aber ohne sommerliche Hitze. Grundsätzlich sind bei derartigen Nordlagen im mitteleuropäischen Süden Niederschläge durch vom Mittelmeergebiet eingewanderte Tiefs oder Tiefausläufer möglich.

einige alltägliche Wetterlagen über zwei bis drei Tage hinweg in ihrenEntwicklungen anhand von Wetterkarten und Satellitenphotos beobachtet. Dabei kann man die Zusammenhänge zwischen Luftdruck-

entwicklung, Bewölkung, Bewegungen der Druckgebilde und Wetter sowohl bei uns in Mitteleuropa als auch in anderen europäischen Gebieten zumindest in Ansätzen herauslesen. Auf diese Weise sollte man auch seine eigene Wetterprognose an den täglichen Wetterberichten in den Zeitungen eichen.

6.2   Einige Wetterlagen in ihren Entwicklungen – Frühjahr und Sommer

1 Wolkenbedeckung
   in Achtel

   ◑ 1 / 8   ◕ 5 / 8
   ◔ 2 / 8   ◕ 6 / 8
   ◑ 3 / 8   ◔ 7 / 8
   ◑ 4 / 8   ● 8 / 8

2 / 3
   ꟼ Wind aus N
      mit 25 kn
      1/2 Federstrich = 5 kn
      1 Federstrich = 10 kn

4 Temperatur in °C

5 Taupunkttemperatur in °C

6 / 7 Hohe / mittelhohe Wolken u.

8 tiefe Wolken
   Wolken (s. Kap. 3.2.2 f)
   Ci
   Cs
   Cc
   As
   Ac
   Sc
   Cu
   Ns
   Cb

   ▲▲▲ Kaltfront
   ●●● Warmfront
   ▲●▲ Okklusion
   ➤➤ Konvergenzlinie
        (Windsprung ohne Luft-
        druckunterschied)

Anordnung in der Wetterkarte:

   4   6/7   9
      2
   ◑   10
   5   8

9   Luftdruck in hPa
10 Luftdruckänderung während
    der letzten 3 Stunden:

   ∧ gestiegen, dann gefallen;
   ⌐ Luftdruck höher als vor 3 Stunden;
      gestiegen, dann gleichgeblieben
   ╱ gestiegen
   ╲╱ gefallen, dann gestiegen
   — gleichgeblieben
   ⋁ gefallen, dann gestiegen
   ⌐ gefallen, dann gleichgeblieben
   ╲ gefallen
   ∧ gestiegen, dann gefallen

Umrechnung von Knoten
in Beaufortgrad:

kn	Beaufort (Bft)
< 1	0
1 - 3	1
4 - 6	2
7 - 10	3
11 - 16	4
17 - 21	5
22 - 27	6
28 - 33	7
34 - 40	8
41 - 47	9
48 - 55	10
56 - 63	11
64 u. mehr	12

Abb. 78   Legende zu den Wetterkarten. Die Legende bzw. die Wetterkarten sind gegenüber den amtlichen aus Gründen der Übersichtlichkeit vereinfacht. Es fehlen u. a. die Niederschlagsmenge, die Wolkenuntergrenze, die Veränderungen des Luftdrucks in Zahlen und das derzeitige Wetter.

6.2.1 Heranziehendes Tief aus Westen –
Sturm über der Nordsee – Mistral in Südfrankreich

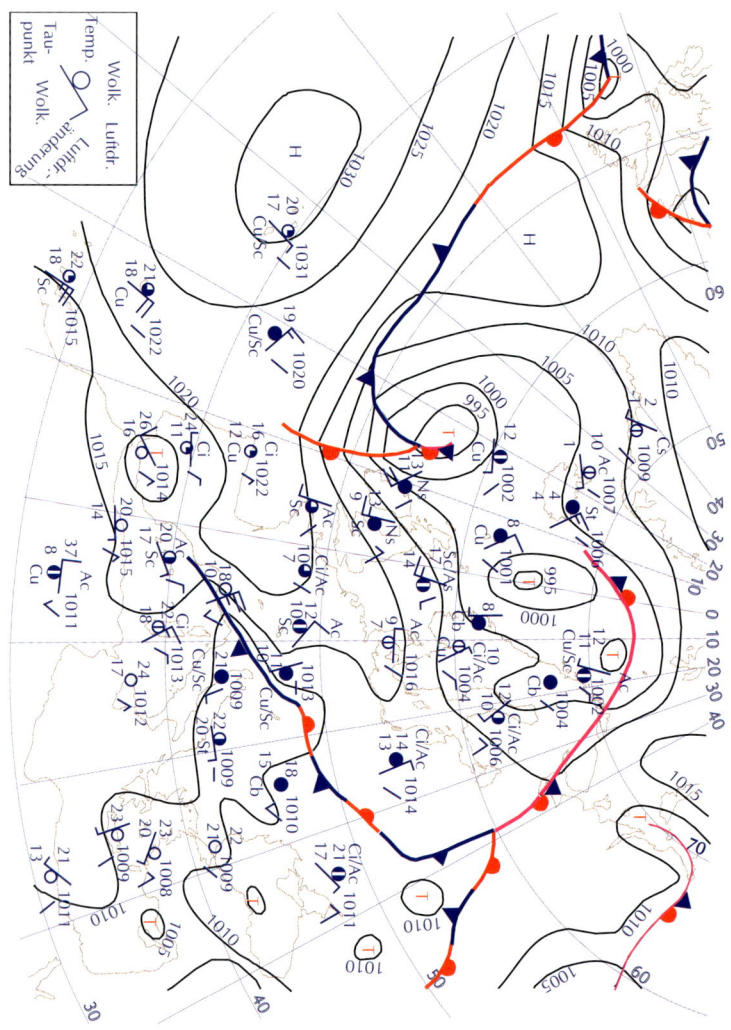

Satellitenbild vom 3.7.1990
23 Uhr UTC.
Das Grau der Wolken er-
scheint umso heller, je
größer die Höhe der Wol-
kenoberfläche ist.
Quelle: Amtsblatt des
Deutschen Wetterdienstes

Abb. 79   Bodenwetterkarte 1a vom 4.7.1990, 0.00 UTC. Vom Atlantik näherte sich ein in der westlichen Höhenströmung eingelagerter, gut ausgeprägter Tiefdruckwirbel den Britischen Inseln. Der große Aufgleitschirm bedeckte bereits nahezu ganz Großbritannien.

Das Frontensystem, das vom Golfe du Lion bis in das Seegebiet zwischen Island und Norwegen reichte, brachte vor allem in Süddeutschland kräftige Niederschläge. Zwischen dem Tief bei den Britischen Inseln und dem oben genannten Fronten-system setzte sich ein Zwischenhoch durch. Im südlichen Rhonetal folgte der abziehenden Kaltfront der Mistral. Quelle: Deutscher Wetterdienst; Satellitenbild der Amtlichen Wetterkarte.

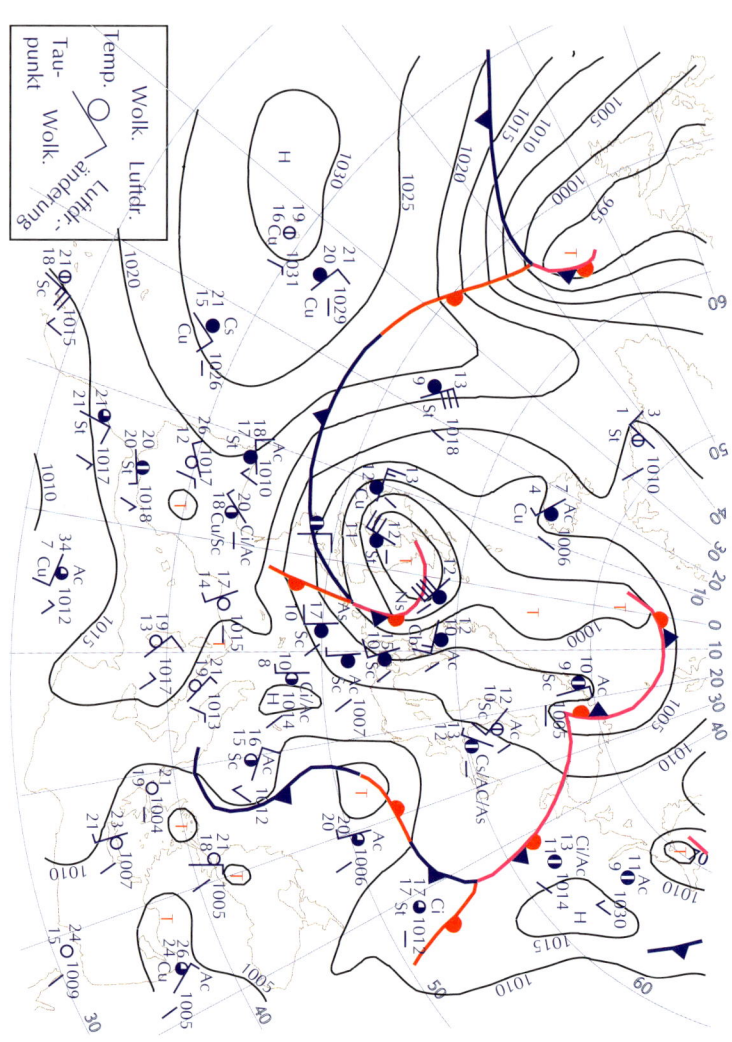

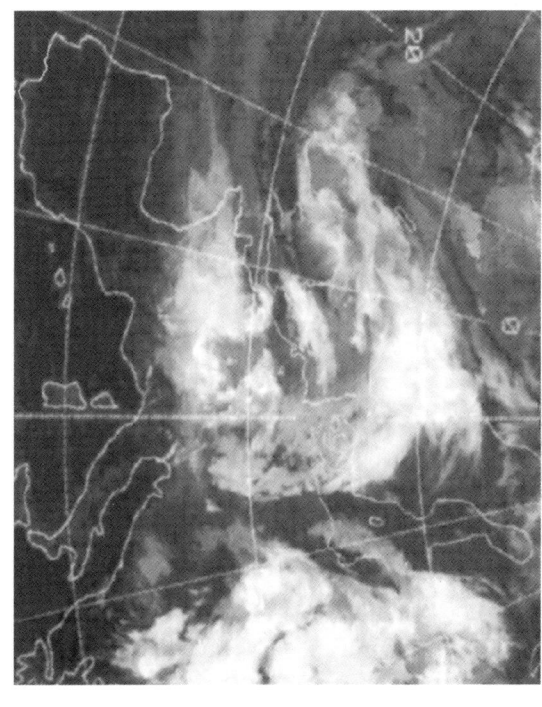

Satellitenbild vom 5.7.1990
0.00 Uhr UTC
Quelle: Amtsblatt des
Deutschen Wetterdienstes

Abb. 80 Bodenwetterkarte 1b vom 5.7.1990, 0.00 Uhr UTC. Das Tief, das am Tag zuvor noch westlich von Irland lag, intensivierte sich und zog nach Osten. Sein Aufgleitschirm bedeckte nun den südlichen Teil Norwegens, Teile der Nordsee, Dänemarks, Mitteleuropas und Frankreichs. Die noch am 4.7. über dem Alpenraum liegenden Fronten zogen in östlicher Richtung ab. Der Mistral legte sich; es wehte nun statt dessen ein leichter Wind aus südlicher Richtung auf den Tiefdruckwirbel zu. Quelle: Deutscher Wetterdienst; Satellitenbild der Amtlichen Wetterkarte.

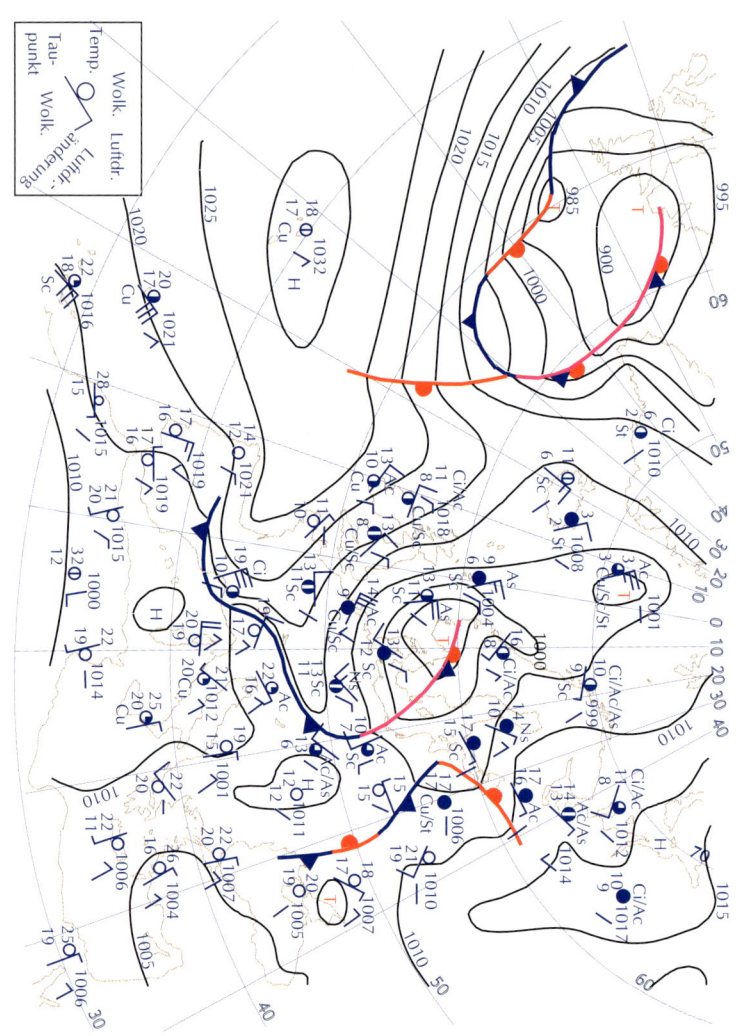

Satellitenbild vom 6.7.1990
0.00 Uhr UTC
Quelle: Amtsblatt des
Deutschen Wetterdienstes

Abb. 81   Bodenwetterkarte 1c vom 6.7.1990, 0.00 Uhr ITC. Das Tief über den Britischen Inseln zog über Norddänemark weiter - mittlerweile okkludiert. Im Gebiet der Warmfront fielen ergiebige Niederschläge, und im Gebiet der Kaltfront wurden Böen mit Geschwindigkeiten bis 50 kn (= 10 Bft) gemessen. Über der Nordsee blies wieder ein typischer Sommersturm aus nördlichen Richtungen. Druckverteilung: Tief über dem südlichen Skandinavien und Hochdruck im Westen. Am vorhergehenden Tag, als das Tief noch über England lag, stürmte es entsprechend seiner Lage aus südlichen Richtungen. In Südfrankreich setzte hinter der Kaltfront erneut der Mistral ein. Später entstand eine Genuatief. Quelle: Deutscher Wetterdienst; Satellitenbild der Amtlichen Wetterkarte.

6.2.2   Zu Ende gehendes sommerliches Hochdruckwetter

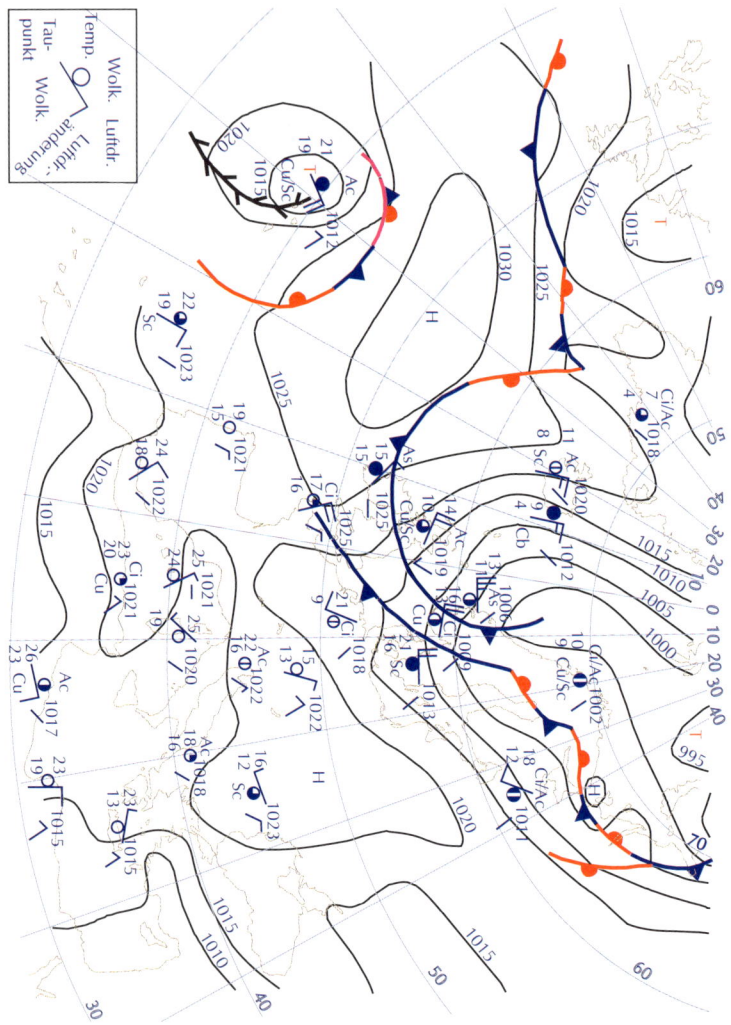

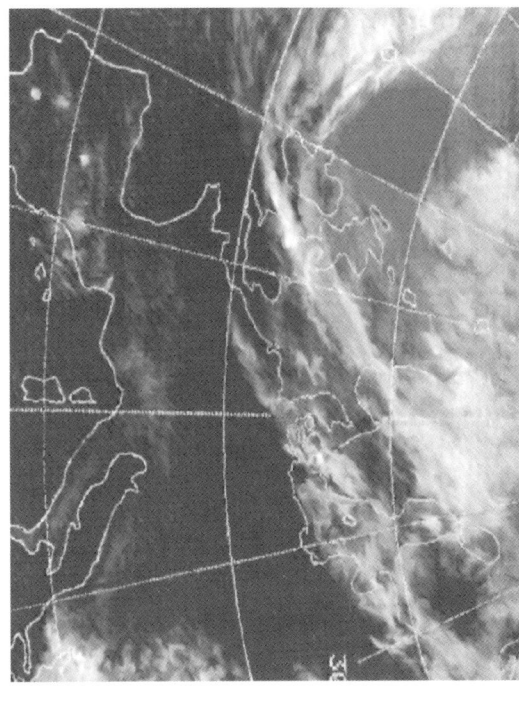

Satellitenbild vom 4.8.1990
23 Uhr UTC
Quelle: Amtsblatt des
Deutschen Wetterdienstes

Abb. 82   Bodenwetterkarte 2a vom 5.8.1990, 0.00 Uhr UTC. Das bisher in ganz Europa - bis auf Nordskandinavien - bestimmende Hoch zog sich unter Abschwächung nach Osten zurück. Die Kaltfront konnte somit von Norden her vorstossen. Nach Durchzug der Kaltfront betrug der Temperaturgegensatz in England bis zu 10 °C. In Deutschland herrschte am Tage mit über 30 °C (mancherorts sogar bis 36 °C) eine brütende Hitze bei nur 20% Luftfeuchtigkeit. Somit war es trockener als in Nordafrika, wo heftige Gewitter, die bis in 12 km Höhe reichten, niedergingen. Quelle: Deutscher Wetterdienst; Satellitenbild der Amtlichen Wetterkarte.

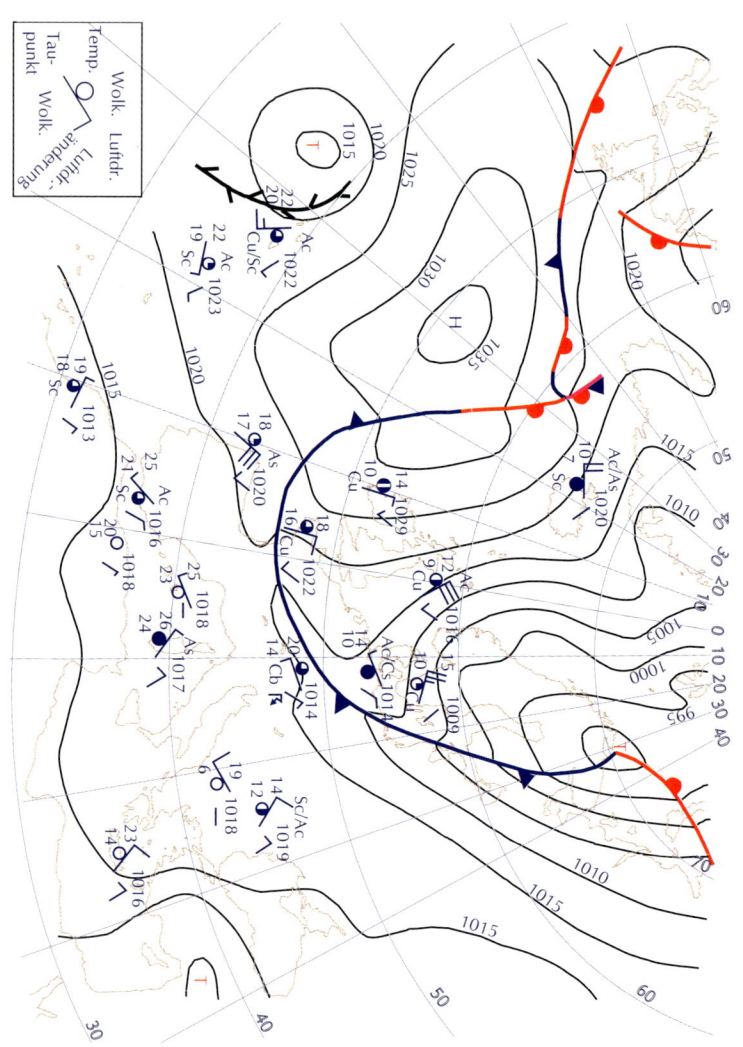

Satellitenbild vom 5.8.1990
23 Uhr UTC
Quelle: Amtsblatt des
Deutschen Wetterdienstes

Abb. 83   Bodenwetterkarte 2b vom 6.8.1990, 0.00 Uhr UTC. Die Umstellung der Wetterlage wurde möglich, weil sich über dem nördlichen Atlantik ein ausgedehntes Hoch entwickelte. Zwischen diesem Hoch und dem Tief über Nordskandinavien kam die Kaltluft zügig südostwärts voran. Die Temperaturgegensätze betrugen in Deutschland bis 15 °C. Auf dem Satellitenbild liegt die Kaltfront im vorderen Bereich der Bewölkung. Die Niederschläge waren z. T. sehr ergiebig - in Stuttgart fielen 29 l/qm. Quelle: Deutscher Wetterdienst; Satellitenbild der Amtlichen Wetterkarte.

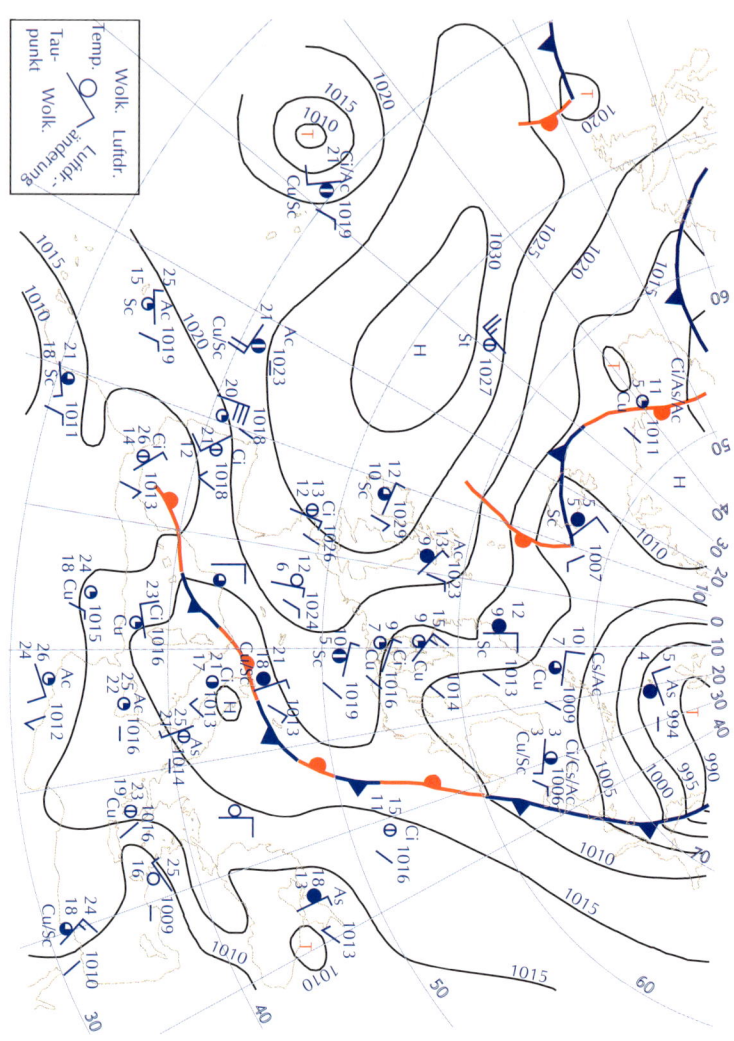

Satellitenbild vom 6.8.1990
23 Uhr UTC
Qelle: Amtsblatt des
Deutschen Wetterdienstes

Abb. 84   Bodenwetterkarte 2c vom 7.8.1990, 0.00 Uhr UTC. Hinter dem Kaltluftvorstoß, der nur langsam die Alpen über-
querte, schob sich ein Keil des ostatlantischen Hochs nach Mitteleuropa. Mit ihm strömte frische Meeresluft ein. Die konvektive Bewölkung über Deutschland - typisch für die Rückseite eines Tiefs - brachte Schauer und Gewitter. Charakteristisch für die frische Meeresluft ist die geringe Aerosolkonzentration. In der wenig getrübten Luft sind Sichtweiten bis über
50 km möglich. Die kräftige Gewitterzelle über dem erhitzten Oberitalien reicht bis in 14 km Höhe; ihre Oberflächentem-
peratur betrug -63 °C. Quelle: Deutscher Wetterdienst; Satellitenbild der Amtlichen Wetterkarte.

6.2.3   Kaltluftvorstoß im Frühjahr –
Mistral und Bildung eines Genuatiefs

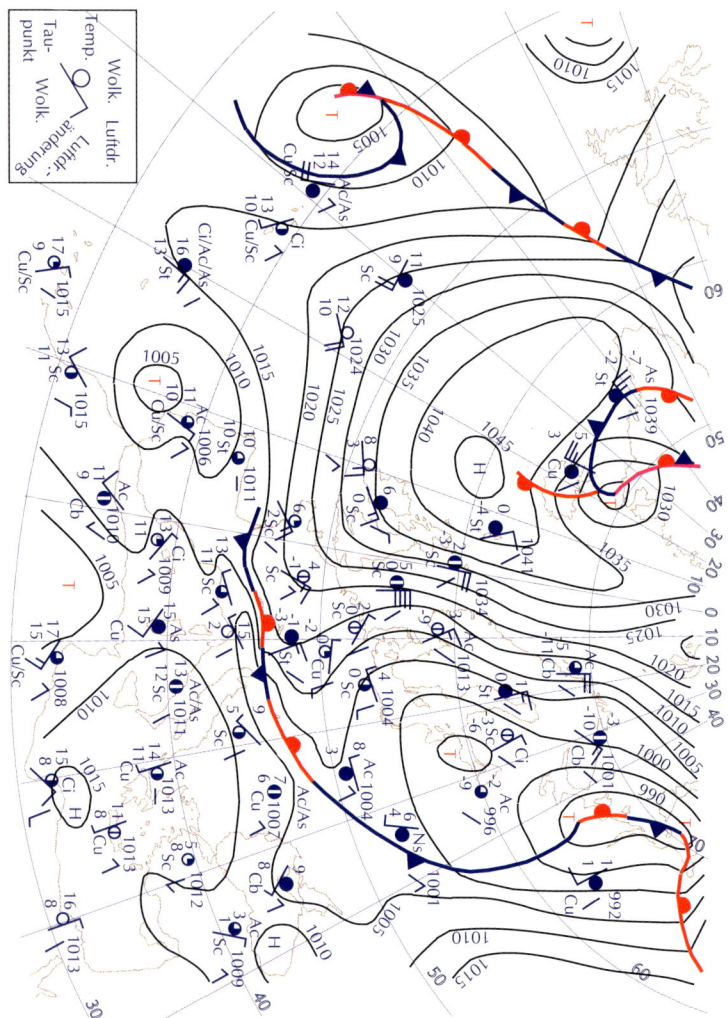

Satellitenbild vom 17.4.1991
0.00 Uhr UTC
Quelle: Amtsblatt des
Deutschen Wetterdienstes

Abb. 85 Bodenwetterkarte 3a vom 17.4.1991, 0.00 Uhr UTC. Die Kaltfront eines umfangreichen Tiefdruckkomplexes erreichte die Alpen. Größere Hebungsvorgänge waren erst über Süddeutschland zu beobachten - die Orographie zwang dazu. Da die Polarluft über der 7 °C warmen Nordsee erwärmt wurde, kam es zu einer hochreichenden labilen Schichtung. Vor allem in Norddeutschland folgten daraus zahlreiche Regen-, Schnee- und Graupelschauer. Vor der Front lagen die Temperaturen in Süddeutschland noch bei maximal 20 °C, hinter ihr gingen sie um 6 bis 10 °C zurück. Auf Sylt wurden Böen mit Stärken um 9 Bft gemessen. Im Alpenvorland fielen bis 16 cm Neuschnee. Die zelluläre Bewölkung im Kaltluftsektor ist über der Nordsee gut erkennbar, ebenfalls die Aufheiterungszone im Lee des norwegischen Gebirgszuges. Quelle: Deutscher Wetterdienst; Satellitenbild der Amtlichen Wetterkarte.

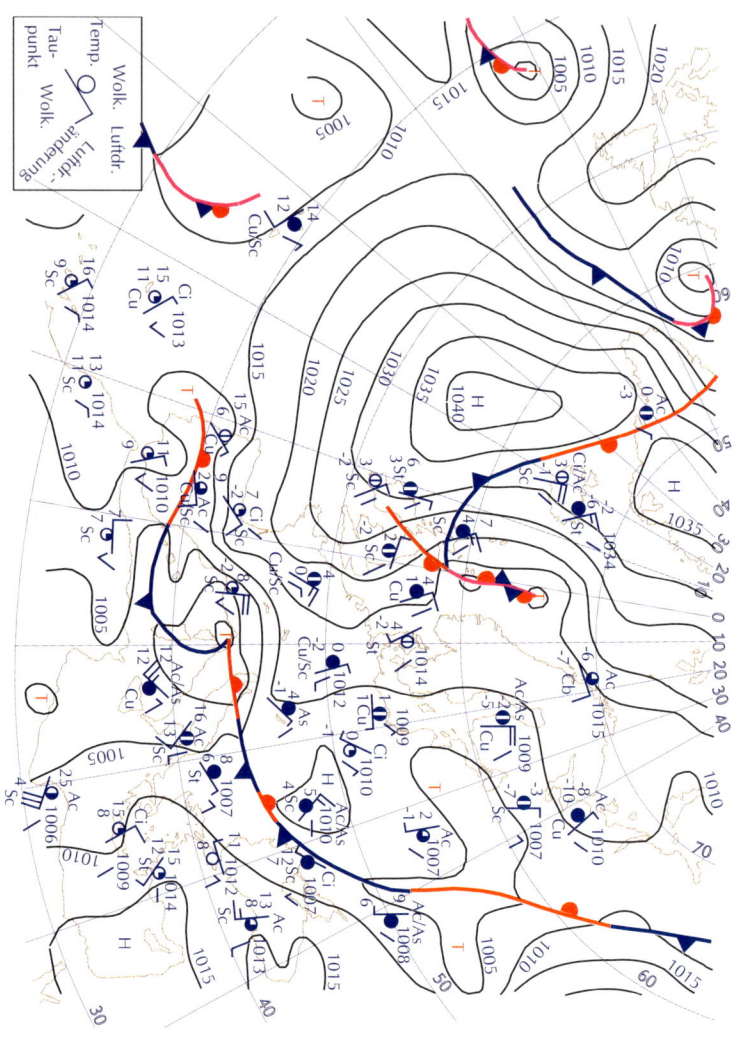

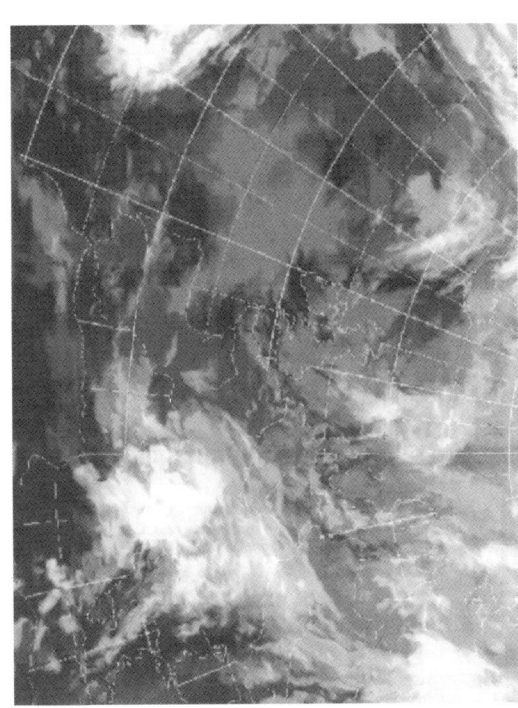

Satellitenbild vom 18.4.1991
0.00 Uhr UTC
Quelle: Amtsblatt des
Deutschen Wetterdienstes

Abb. 86   Bodenwetterkarte 3b vom 18.4.1991, 0.00 Uhr UTC. An der Ostseite des großen nordatlantischen Hochdruckgebiets stieß maritime Polarluft weit nach Europa hinein. Diese Kaltluft wurde vom Boden her langsam aufgewärmt, was die hochreichende Konvektion auslöste, so daß es über Deutschland zu Graupel-, Schnee- und Regenschauern kam. Über dem warmen Mittelmeer bildete sich, nach Durchzug der Kaltfront, im Golf von Genua ein kräftiges (Genua-)Tief. Auf seiner Vorderseite entstand hochreichende kompakte Bewölkung. Im Satellitenbild sieht man über der Nordsee deutlich die Struktur der Konvektionsbewölkung. Quelle: Deutscher Wetterdienst; Satellitenbild der Amtlichen Wetterkarte.

6.2.4   Abziehendes Tief über Italien –
Mistral und Bora

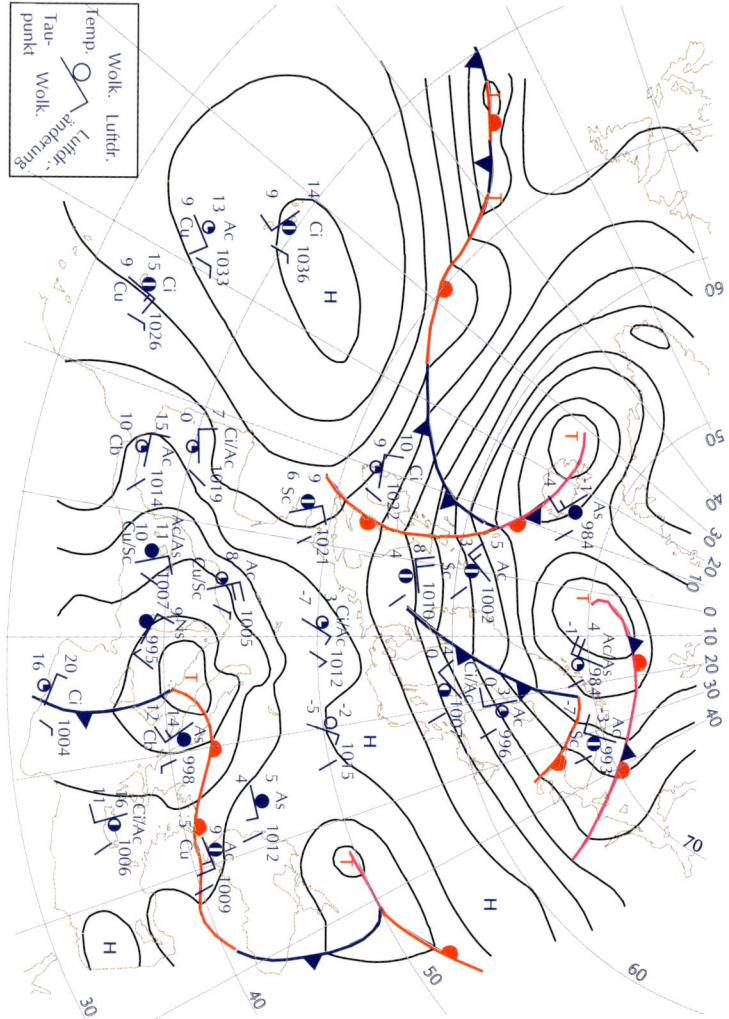

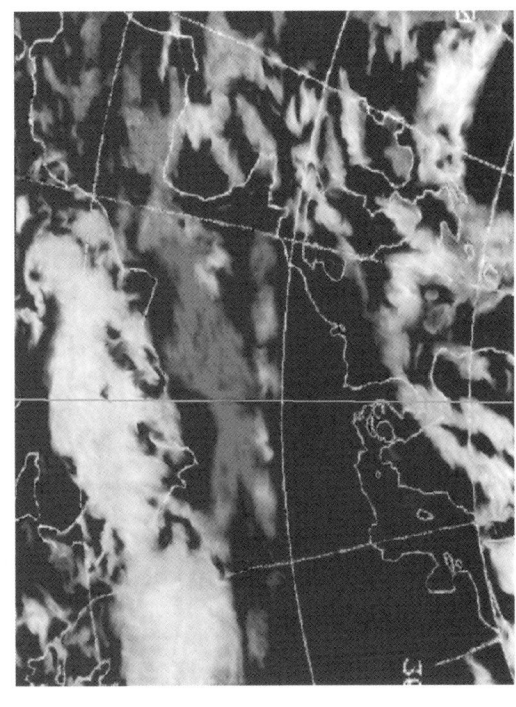

Satellitenbild vom 9.4.1990
23 Uhr UTC
Quelle: Amtsblatt des
Deutschen Wetterdienstes

Abb. 87   Bodenwetterkarte 4a vom 10.4.1990, 0.00 Uhr UTC. Das nordatlantische Hoch schwächte sich über Mitteleuropa langsam ab, aber es machte sich noch durch eine wolkenlose Zone über Mitteleuropa, im Satellitenbild schön zu erkennen, bemerkbar. An der Nordflanke des Hochs verlief eine Frontalzone, in der Tiefdruckgebiete ostwärts zogen. Die tiefe und mittelhohe Bewölkung, die über Süddeutschland zu sehen ist, gehörte zu dem großen Tief über Italien.
Quelle: Deutscher Wetterdienst; Satellitenbild der Amtlichen Wetterkarte.

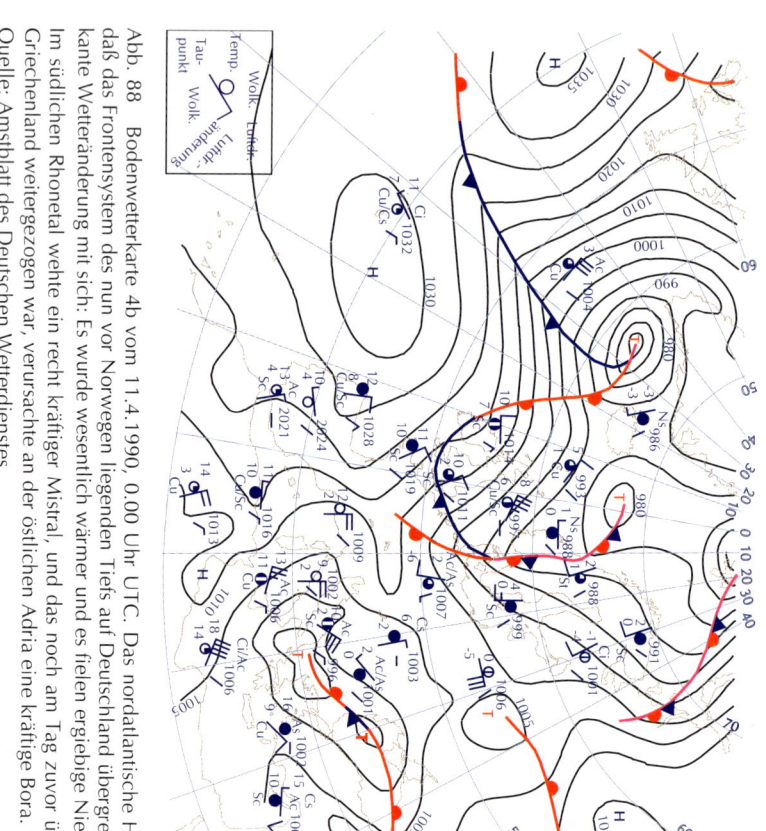

Abb. 88 Bodenwetterkarte 4b vom 11.4.1990, 0.00 Uhr UTC. Das nordatlantische Hoch schwächte sich weiter ab, so daß das Frontensystem des nun vor Norwegen liegenden Tiefs auf Deutschland übergreifen konnte. Das brachte eine markante Wetteränderung mit sich: Es wurde wesentlich wärmer und es fielen ergiebige Niederschläge. Im südlichen Rhonetal wehte ein recht kräftiger Mistral, und das noch am Tag zuvor über Italien liegende Tief, das nach Griechenland weitergezogen war, verursachte an der östlichen Adria eine kräftige Bora.
Quelle: Amtsblatt des Deutschen Wetterdienstes.

6.2.5 Warmluftvorstoß aus Nordafrika – Scirocco

Abb. 89   Text siehe nächste Seite

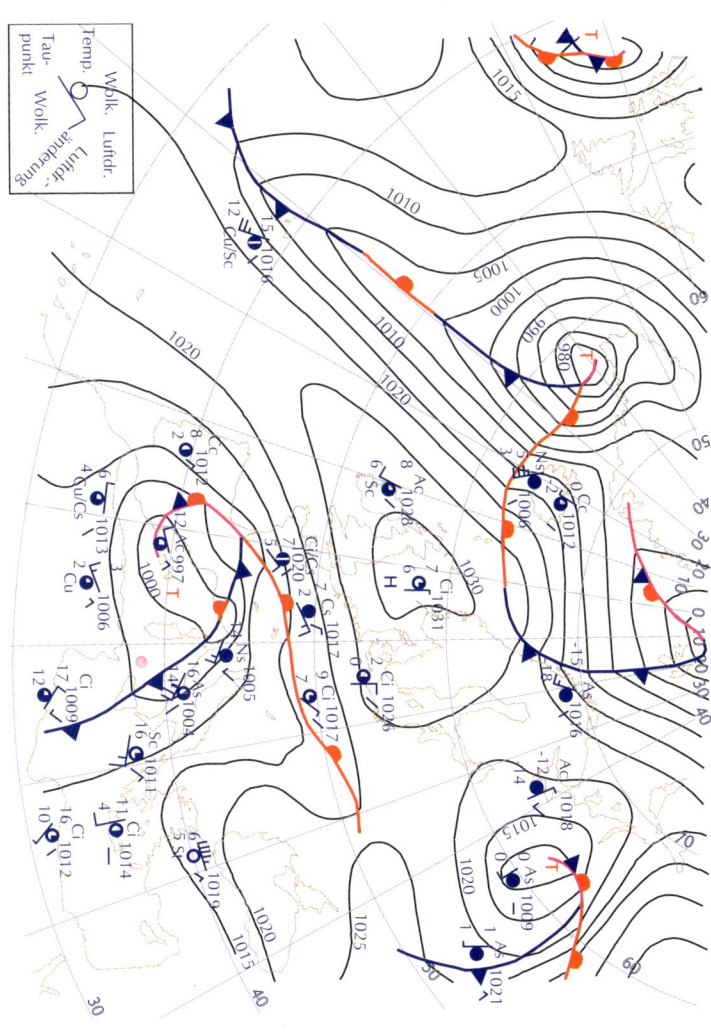

Abb. 89 Bodenwetterkarte 5a vom 25.3.1991, 0.00 Uhr UTC. Über Mitteleuropa herrschte ein markanter Luftdruckgegensatz. Es stand hoher Luftdruck einem umfangreichen Tief über dem westlichen Mittelmeer gegenüber. An der Nord- und Westflanke strömte bodennahe Kaltluft aus dem skandinavischen Raum bis nach Nordafrika. Im Gegenzug zog die warme Luftmasse im Osten nach Norden. Vor allem in Italien und auf dem Balkan machte sich der warme Scirocco bemerkbar, so daß die Temperaturen dort bis auf 27 °C stiegen; in Madrid hingegen nur auf 10 °C und in Casablanca auf bescheidene 15 °C.

Über Mitteleuropa, wo die unterschiedlichen Luftmassen aufeinanderstießen, wurde die Warmluft angehoben, und es entstand ein riesiger Wolkenschirm. Die scharf begrenzte Vorderkante markiert den in großer Höhe blasenden Strahlstrom.

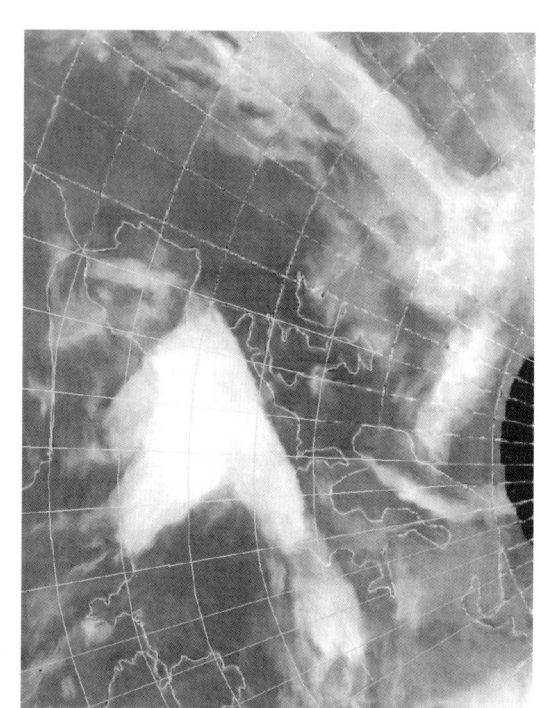

Satellitenbild vom 24.3.1991
23 Uhr UTC
Quelle: Amtsblatt des
Deutschen Wetterdienstes

Abb. 90 Höhenwetterkarte 5b auf dem 500-hPa-Niveau vom 25.3.1991, 0.00 Uhr UTC. Die Linien sind Höhenlinien des Luftdrucks von 500 hPa, die Zahlen geben die Höhe in Metern unter Weglassung der letzten Stelle an. Das 500-hPa-Niveau teilt die Masse der Lufthülle in ungefähr zwei gleiche Hälften. Das Druckniveau liegt im Mittel bei etwa 5500 m. Auch in der Höhenwetterkarte ergeben sich Hoch- und Tiefdruckgebiete. Der Wind weht in dieser Höhe parallel zu den Isohypsen, und die Windstärke ist abhängig vom Abstand der Isohypsen zueinander. Die Höhenwetterkarte erlaubt es, den durch die Bodenwetterkarte gegebenen Überblick in die Atmosphäre hinein zu erweitern und macht somit eine dreidimensionale Betrachtung möglich. Quelle: Amtsblatt des Deutschen Wetterdienstes.

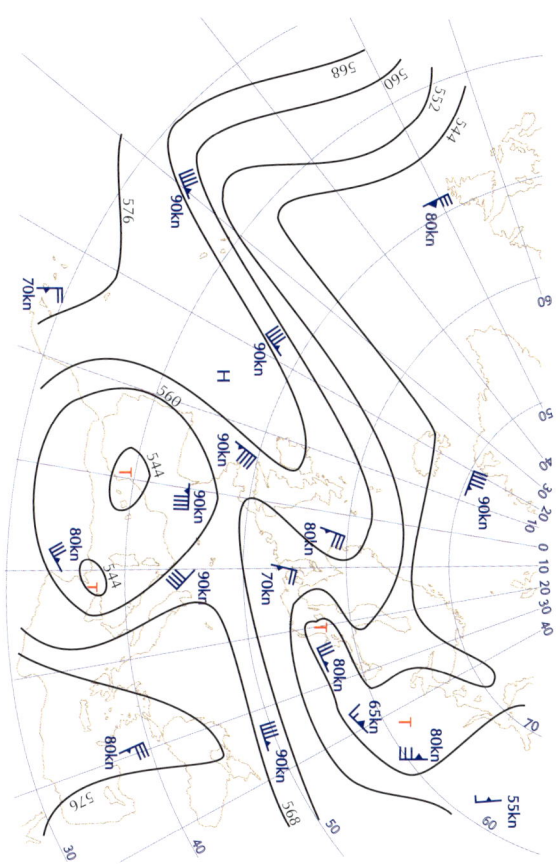

6.3   Wetterregelfälle oder Singularitäten – jahreszeitlich häufig wiederkehrende Wetterlagen

Das Jahr ist in bezug auf das Wetter nicht nur durch die Jahreszeiten rhythmisiert, sondern auch durch herausragende Wetterperioden, die häufig vorkommen und mit hoher Wahrscheinlichkeit immer wieder zu bestimmten Jahreszeiten auftreten. Derartige **Witterungsregelfälle** heißen **Singularitäten**. Im folgenden ist ein Wetterkalender zusammengestellt, der in vielen Jahren mit einem bestimmten Wetter zutrifft.

Im **Januar** prallen über dem Atlantik kanadische Kältewellen und Warmluftvorstöße aus dem Golfstromgebiet am heftigsten zusammen. Infolgedessen entstehen Reihen von Zyklonen, die nach Osten in Richtung Europa wandern. Aber da wir in Mitteleuropa schon am westlichen Grenzraum zwischen dem maritimen und dem kontinentalen Klima leben, gelingt es dem asiatischen Kältehoch immer wieder, bis in unser Gebiet vorzustoßen. Auch baut sich häufig über Fennoskandien eine eigene Hochdruckzelle auf. In beiden Fällen erhalten wir aus Osten kalte bis extrem kalte Luft. In die Mitte des Januars fallen die kältesten Tage des Jahres.

Etwas enger eingegrenzt, läuft das Wetter oftmals folgendermaßen ab:

Das um Weihnachten eingetroffene Wetter, vielfach handelt es sich um Tauwetter, setzt sich bis in die ersten Januartage hinein fort. Erst um den Dreikönigstag beginnt in der Regel eine meist länger andauernde Frostperiode. Im Norden Deutschlands allerdings kann es in den ersten Januartagen durchaus bei Schneefall sehr kalt sein. Mit Temperaturen um 0 °C relativ warm und mehr oder weniger trocken ist es nur im Süden.

Um den 15. Januar setzt meist der Hochwinter ein, mit strengem Frost, eiskalten Winden und klaren Nächten. Diese Witterung hält bis um den 26.1. an und wird abgelöst von der Zufuhr wärmerer Luft um 0 °C. Im Tiefland herrscht trübes Tauwetter, bisweilen fällt Schnee. In den Mittelgebirgen und in den Alpen treten verstärkt Schneefälle auf.

In den letzten Jahren waren gegen Ende des Monats häufig Stürme mit Orkanböen bei Temperaturen über 0 °C zu registrieren.

Im **Februar** nehmen die Westwinde in ihrer Stärke merklich ab. Der Luftdruck beginnt innerhalb des subtropischen Hochdruckgürtels auf unserer Halbkugel zu fallen, denn dort setzt die Erwärmung durch den wieder nordwärts wandernden Sonnenstand zuerst ein. Zeitgleich baut sich ein an Stärke zunehmendes Polarhoch auf. Dadurch wird die

Ausdehnung des russischen Kältehochs nach Westen stärker als im Januar begünstigt. In den letzten Jahrzehnten erfolgte häufig um den 10. Februar ein kräftiger Kaltluftvorstoß nach Mitteleuropa. Dabei wehen eiskalte trockene Ostwinde. Grundsätzlich haben wir bei klirrender Kälte kaum mit Schneefall zu rechnen, da die kalte Luft viel zu trocken ist, zumal sie von Osten kommt. Allerdings kann in der Ostströmung ein Trog eingelagert sein, der vor allem dem Nordosten Deutschlands Schnee bringt.

„Wenn es an Lichtmeß stürmt und schneit," besagt eine alte Bauernregel, *„ist der Frühling nicht mehr weit. Ist es dagegen hell und rein, wird es ein langer Winter sein."* Diese alte Regel besitzt in der Tat eine recht hohe Gültigkeit, denn um den 2. Februar ändert sich die Wetterlage. Ist das Wetter um diese Zeit frostig, der Boden mit Schnee bedeckt, herrscht also Winterwetter, kann das Ende des Winters bald erwartet werden. Ist das Wetter dagegen warm, folgt bald die oben beschriebene Frostperiode, die besonders kalt wird, wenn es um den 2.2. sehr warm war. Sie dauert mit kurzen Unterbrechungen meist bis Ende März. Davon muß man vor allem dann ausgehen, wenn in der letzten Februarwoche beständiges kaltes Wetter herrscht.

Der **März** gehört dem Kalender nach zu zwei Dritteln noch zum Winter. Dementsprechend sind die Wetterlagen sehr unterschiedlich.

Die im Februar eingeleiteten Druckänderungen setzen sich im März fort. Wenn bisher Mitteleuropa noch von kalten Ostlagen verschont geblieben sein sollte, dann überraschen sie nun mit hoher Wahrscheinlichkeit. Bei klarem Wetter vermag die Sonne jedoch schon die westlichen Teile Mitteleuropas, die von den Mittelgebirgen vor den Ostwinden ein wenig geschützt sind, so weit zu erwärmen, daß die Ostlage als Vorfrühling empfunden wird.

Die ersten Märztage entsprechen den letzten Februartagen. Falls dann ein Hauch warmer Frühlingsluft zu spüren ist, wird er nicht von langer Dauer sein, meist ist das Wetter bis zum 10. März eher naßkalt.

Zwischen dem 13. und 22. März tritt häufig vorfrühlingshaftes Wetter auf, anfangs allerdings oft von Regen- und Schneefällen in den Mittelgebirgen und den Alpen eingeleitet. Danach herrscht sehr wechselhaftes, stürmisches Wetter. In den letzten Jahren konnte man immer häufiger in dieser Zeit den Wechsel zwischen stürmischen und naßkalten Regentagen mit eingelagerten Schneeschauern und warmen Tagen oder auch nur freundlichen Stunden beobachten. Die Unbeständigkeit mit den oftmals stündlichen Wechseln kann sich bis in den Mai hineinziehen.

Im **April** werden bei uns normalerweise die niedrigsten Luftdruckwerte registriert. Quer über Mitteleuropa hinweg bildet sich, da der Kontinent sich schneller erwärmt als das Meer, eine von Norden nach Süden gerichtete Tiefdruckrinne aus. Dabei muß nun beachtet werden, ob die Luft direkt von Island oder von Südgrönland zu uns kommt. Im ersten Fall gestaltet sich das Wetter wenigstens im Süden etwas ruhiger, weil die Tiefs weiter im Norden nach Nordosten abziehen. Auf der kalten Westseite der Tiefdruckrinne dringt die kalte grönländische Polarluft immer wieder bis ins Mittelmeergebiet und sogar nach Nordafrika vor. Erreicht die kalte Luft die Sahara, entwickelt sich dort ein Saharatief, das einen warmen Gegenstrom in Gang setzt, der als Scirocco den durch von Sandstürmen aufgewirbelten Staub über das Mittelmeer, Italien und die Adria bis nach Mitteleuropa trägt. Der rötliche Regen ist bekannt als warmer „Blutregen".

Diese nord-süd-gerichteten Strömungen – und umgekehrt – leisten einen wichtigen Beitrag, die während des Winters aufgebauten Temperaturunterschiede zwischen hohen und niederen Breiten auszugleichen.

Zu Anfang des April herrscht überwiegend sehr wechselhaftes Wetter mit Regen- und Schneeschauern, bei Temperaturen über 0 °C. Nach dem 10. April fällt in höheren Lagen noch einmal Schnee, im Flachland ist es meist Regen. Im Jahre 1994 brachte ein Orkantief der Zugspitze einen Neuschneezuwachs von 2 m, und sintflutartige Regenfälle erbrachten in fast ganz Deutschland innerhalb eines Tages eine Niederschlagsmenge, die der gesamten normalen Monatsmenge entsprach.

Das wechselhafte Wetter mit Graupel- und Regenschauern ist für das Aprilwetter kennzeichnend. Treten gegen Ende des Monats erste Wärmeperioden auf, so muß man im Mai noch mit Kälterückfällen rechnen, die über mehrere Tage anhalten.

Die nördliche Luftströmung im April kann als erster Vorläufer des europäischen Sommermonsuns gewertet werden. Der nächste erreicht uns im Mai.

Im **Mai** weitet sich das polare Hoch nach Süden aus, und der Schwerpunkt des östlichen hohen Luftdrucks verlagert sich von Osteuropa zum Atlantik. Daher ist der Mai zusammen mit dem September der einzige Monat, in dem sich über Mitteleuropa hinweg in west-östlicher Richtung eine Hochdruckbrücke erstreckt. Aus diesem Grund besteht eine hohe Wahrscheinlichkeit für schönes Wetter, insbesondere in der letzten Maiwoche.

Häufig sind die ersten Maitage noch von Aprilschauern begleitet, aber bald steigt die Lufttemperatur an – der Sonnenstand macht sich schon stark bemerkbar. Allerdings stößt von Norden zwischen dem 11. und 17. Mai meist noch einmal Kaltluft zu uns vor (Eisheilige). Es ist dann naßkalt und unfreundlich, regnerisch mit tiefhängenden Nimbostratuswolken. Nach dem 20.5. beruhigt sich das Wetter wieder, und die ersten schönen Sommertage ziehen einen ins Freie. Doch ist der Temperaturanstieg oft so kräftig, daß die Umstellung vielen schwerfällt.

Im **Juni** erreicht der Luftdruck über dem Persischen Golf seinen niedrigsten Stand, und auch über der Arktis fällt der Druck um 2 bis 5 hPa. Dagegen setzt sich der Luftdruckanstieg im Bereich der Azoren fort und greift ins westliche Mittelmeer über. Diese drei Abläufe verursachen eine wesentlich stärkere Nordwest-Komponente der Windrichtung. Daher beginnt mit sehr großer Regelmäßigkeit um den 5. Juni ein Witterungswechsel, der so stark ausgeprägt ist, daß von da an bis zu 15.6. die Temperaturen ständig zurückgehen und erst am Monatsende wieder die gleichen Werte wie am Anfang annehmen. Dieses Phänomen der „Schafskälte" kann als monsunartig gedeutet werden, da es im wesentlichen auf der fortschreitenden Erwärmung des Kontinents beruht.

Der Wind kommt während der Schafskälte aus nordwestlicher Richtung und bringt feuchtes und naßkaltes Wetter, aber kaum mehr Nachtfröste. Kurz vor der Sommersonnenwende kann es wieder angenehm warm sein, aber nach der Sonnenwende kann es erneut regnerisch werden und so bis zum 10. Juli bleiben. Dieses Wetter der letzten Juniwoche ist als „Siebenschläfer-Zeit" bekannt. Sie ist entscheidend für die Wetterentwicklung des Hochsommers. Fällt die Siebenschläfer-Zeit tatsächlich regnerisch aus, ist das „Monsunsystem" relativ kräftig und hält daher bis zu sieben Wochen durch. Vom Atlantik werden immer wieder feuchte Luftmassen mit entsprechend starker Wolkenbildung (Nimbostratus) herangeführt, so daß langandauernde Niederschläge fallen können. Sind die Siebenschläfer-Tage warm und trocken, bleibt die Wetterlage bis Mitte August stabil und trocken. Tritt nach dem 20.6. eine große Hitzewelle auf, bilden sich Gewitter mit starken, wolkenbruchartigen Regenfällen.

Im **Juli** nimmt der Luftdruck über den Britischen Inseln langsam ab. Dadurch bekommt der Wind über Mitteleuropa eine westlichere Komponente. Weil sich wegen des hohen Sonnenstandes das Wasser der Nord- und Ostsee und auch des Nordatlantiks erwärmt, steigt die Lufttemperatur bis Mitte Juli weiter an. Lösen sich vom Azorenhoch selbständige Hochdruckzellen ab und verlagern sich diese nach Europa, entwickeln sich Hitzeperioden.

Trotz allem zählt der Juli zu den niederschlagsreichsten Monaten, und das, obwohl die Regentage gewiß nicht zahlreich sind. Der Regen fällt auch kaum aus Nimbostratus-, sondern aus Cumulonimbuswolken, und zwar mit großer Intensität.

Mit dem Monatsbeginn steigen die Temperaturen, und das Wetter wird schöner. Ab Monatsmitte können während der „Hundstage" die höchsten Temperaturen im Jahresverlauf gemessen werden. Nach dem 20.7. treten immer häufiger starke Gewitter auf.

Im **August** nimmt der Luftdruck über dem Atlantik wieder ab, aber über Asien beginnt er zu steigen. Dadurch schwenkt die mittlere Windrichtung über Mitteleuropa etwas nach Südwesten. Das Wetter über dem mittleren Europa wird ruhiger, aber über den Alpen erreichen die Gewitter ihre größte Vehemenz.

Während des ersten Drittels des Monats ist es meist heiß, unterbrochen von kurzen Sommergewittern. Haben sich gegen Ende Juni die verregneten Siebenschläfer durchgesetzt, so endet diese weniger angenehme Periode nun in diesen Tagen. Im zweiten Drittel sind bereits die ersten herbstlichen Anklänge zu verspüren. Das Gras wird über Nacht feuchter, Luft und Licht werden pastellfarben transparenter. Wer Gelegenheit hat, Murmeltiere zu beobachten, findet Anzeichen über die Ankunft des Winters, denn je früher sich die Tiere auf den Winter vorbereiten, emsig Vorrat sammeln, desto früher zieht der Winter ein.

Im letzten Drittel ist die herbstliche Kühle schon zu verspüren, besonders wenn der Sommer verregnet war, die Sonne büßt an Kraft ein, die Tage werden merklich kürzer.

Im **September** bleibt über Mitteleuropa meist über längere Zeit hoher Luftdruck erhalten. Es sind die schönen Tage des „Altweibersommers", der seinen Höhepunkt gegen Ende des Monats erreicht und sehr regelmäßig alljährlich wiederkehrt. Der September weist die geringste Bewölkung und die niedrigsten Niederschlagswerte auf.

Die Weichen des Septemberwetters werden zu Monatsbeginn gestellt. Im zweiten Drittel kann der Altweibersommer beginnen, entweder gleich um den 10.9. oder erst um den 20.9. Manchmal setzen sich trockene, warme Tage bis in den Oktober hinein fort.

Durch den wolkenlosen Himmel erreicht uns tagsüber eine starke Wärmeeinstrahlung, aber in der mittlerweile fast gleich lang gewordenen Nacht wird wieder viel Energie abgestrahlt. Die Folge ist ein großer Temperaturgegensatz zwischen Tag und Nacht. Hält die Schönwetterperiode über einen längeren Zeitraum an, so können die Tageshöchsttemperaturen trotzdem noch einmal fast hochsommerliche Werte annehmen.

Im letzten Monatsdrittel brausen oftmals kräftige Stürme über uns hinweg. Tritt diese Witterung ein, ist der Sommer beendet, es häufen sich die Regentage, und in den Alpen fällt schon der erste Schnee.

Im **Oktober** ist das Wetter in Deutschland sehr häufig zweigeteilt. Während um die Mitte des Monats in Süddeutschland nochmals eine Hochdruckphase das Wetter bestimmt, haben im Norden bereits schwere Herbststürme eingesetzt.

Im ersten Oktoberdrittel gestalten Föhnlagen im Voralpenland und in den nördlichen Alpen das Wetter mild, mit bemerkenswerten Fernsichten. Kommen einmal die Föhnlagen nicht vor, hält der Winter mit Regen und Schneefällen bis in Tallagen Einzug.

Das zweite Drittel setzt das erste fort. Falls das Wetter schlecht ist, bessert es sich im letzten Drittel. Durch Inversionslagen in den Alpen und in den Mittelgebirgen herrscht im Tal Nebel, doch in den Höhenlagen gibt es prächtige Fernsichten.

Im **November** entwickeln sich mit fortschreitender Abkühlung in den in der Höhe warmen Hochdruckgebieten durch Auskühlung in Bodennähe dichte Nebelfelder. Die Sturmtätigkeit über dem Atlantik nimmt beständig zu, und bei Island sinkt der Luftdruck.

Zu Anfang des Monats lösen naßkalte Tage mit Nebel in der Regel die letzten schönen Oktobertage ab. Bis Monatsende bleibt das Wetter kaum verändert erhalten.

Im **Dezember** löst sich oft vom sibirischen Kältehoch eine Zelle ab und wandert nach Osteuropa. Dadurch kommt es zu einer ersten Kälteperiode, die durch das Weihnachtstauwetter beendet wird.

Im ersten Drittel ist das Wetter meist mehr oder weniger freundlich, auf jeden Fall mild. Im zweiten Drittel ist es entweder trüb und feucht oder, wenn es zur Ostlage kommt, frostig kalt, häufig mit Schneefällen durchsetzt. Um die Wintersonnenwende schneit es meist in ganz Deutschland. Aber zumindest in Westdeutschland wird diese kalte Zeit um Weihnachten vom „Weihnachtstauwetter" wieder abgelöst. Ist es an den Weihnachtstagen schneefrei, warm und trüb, hat sich also das Islandtief mit naßkaltem Wetter durchgesetzt, so kommt der Wintereinbruch erst nach der Jahreswende. Dementsprechend verlängert sich der Winter meist bis zur Osterzeit. Sind die Weihnachtstage jedoch „weiß" und kalt, beginnt der Frühling meist um die Zeit, in der er erwartet wird, nämlich um den 20. März. Die Ursachen dafür sind die Wetterlagen, die in Abhängigkeit von den Windströmungen entstehen.

Die oben aufgezeichneten Wetterabläufe während des Jahres können in
wesentlichen Punkten abweichen. Teilweise treten die Abweichungen
durch zufällige Konstellationen ein, teilweise mögen sie auch auf eine
geänderte allgemeine Zirkulation zurückzuführen sein. Die **Zuverlässig-
keit** der Wetterregelfälle ist daher auf längere Sicht nicht konstant. Eine
Wetteränderung in Mitteleuropa durch den **Treibhauseffekt** kann noch
nicht definitiv prognostiziert werden. Die anthropogen bedingte Erwärmung der Atmosphäre wirkt sich regional verschieden aus und kann noch
immer nicht eindeutig beurteilt werden. Daß die Erwärmung Auswirkungen hat, und zwar für uns alle letztendlich erheblich negative, ist
unumstritten, wohl aber, welche es genau regional sind und in welchem
Ausmaß sie stattfinden.

Das Klima wird von sehr vielen Faktoren und Vorgängen in sehr
komplexer und unübersichtlicher Weise gesteuert. Daß Europa ein solch
ungewöhnlich mildes Klima genießen kann, liegt am Golfstrom.
Überhaupt sind die letzten 10.000 Jahre, in denen die menschliche
Zivilisation aufblühte, eine Ausnahmeerscheinung innerhalb der
vergangenen 100.000 Jahre, die auch einen Großteil der Riß/Würm-
Warmzeit umfassen. Niemals zuvor herrschten auf der Erde über einen
so langen Zeitraum hinweg so konstante und ausgeglichene Witterungs-
bedingungen. Kälteeinbrüche und Wärmeperioden, verbunden mit
trockeneren und feuchteren Verhältnissen, je nach Region, wechselten
sich immer wieder ab. Nach neueren Erkenntnissen hängen sie mit der
Zirkulation von Wärme und Salzgehalt in den Ozeanen zusammen, die
sich nach Computersimulationen sehr rasch und mit drastischen Folgen
ändern können.

In allen Weltmeeren existieren **Meeresströmungen** riesigen Ausmaßes,
die miteinander in Verbindung stehende Zirkulationszellen darstellen. Im
Nordatlantik ist es der **Golfstrom**, in dem warmes oberflächennahes
Wasser nordwärts fließt. Zwischen Spitzbergen und Grönland sinkt es,
von den eiskalten Winden abgekühlt, in die Tiefe, in einer Größenordnung von etwa 17 Mio m^3/s, das entspricht ungefähr der 20fachen
Wasserführung aller Flüsse der Erde. Am Meeresboden strömt es in den
Südatlantik und, aufgeteilt in mehrere Strömungsäste, bis in den Pazifik,
von wo es letztendlich wieder zurückkehrt.

Zum Absinkvorgang führt nicht nur die Auskühlung mit der dadurch
verursachten Zunahme der Dichte, sondern auch der Salzgehalt. Zunächst
wird das Wasser des Golfstroms durch Verdunstung, die im heutigen
atmosphärischen Zirkulationsmodell im in Frage kommenden Teil des
Atlantiks relativ stark ist, mit Salz angereichert. Eine weitere wichtige

Rolle beim Absinken spielt jedoch die Aussüßung des Salzwassers beim Gefrieren. Durch diesen Prozeß wird die nächsttiefere Wasserschicht mit Salz stärker befrachtet und somit schwerer. Eine wesentliche Erhöhung der Durchschnittstemperatur im Polarbereich und vermehrtes Abschmelzen der polaren Eiskappe mit der damit einhergehenden Versüßung des salzigen Meereswassers hätte zweifellos einen Einfluß auf den Golfstrom.

Es handelt sich um einen, wie es scheint, zur Zeit stabilen, aber sehr komplizierten und umkippbaren Meereszirkulationsmechanismus, zu dem natürlich auch noch andere Faktoren ihren Beitrag leisten. Diesem Umstand jedoch verdankt Europa sein bevorzugtes Klima. Der Golfstrom ist im Durchschnitt um ca. 8 °C wärmer als das wieder südwärts strömende Wasser. Würde der Golfstrom erlahmen oder gar ganz aufhören, was während der letzten 100.000 Jahre mehrfach vorkam, ginge die Durchschnittstemperatur in der Region um den nördlichen Atlantik in möglicherweise nur weniger als 10 Jahren um mindestens 5 °C zurück, so wie es in der Vergangenheit bereits einige Male geschah. Das bedeutete für Irland z. B. ein Klima, das dem Spitzbergens relativ nahe käme. London dürfte ein ähnliches Klima bekommen wie das an der Küste von Ostsibirien auf Höhe von Sachalin, Norwegen würde wohl wieder in weiten Teilen vergletschern, und in den Alpen rückten die Gletscher wieder bis in die Täler vor. Nachgewiesen wurden Stürze der Durchschnittstemperatur in der Vergangenheit um 7 °C innerhalb von weniger als einem Jahrzehnt, ausgelöst vom stagnierenden Golfstrom.

Hiermit sollte auf die Abhängigkeit Europas vom Golfstrom hingewiesen werden und darauf, daß die Entwicklung des Klimas außerordentlich schwierig zu verstehen ist. Es kann bis jetzt niemand garantieren, wie es sich letztendlich entwickeln wird. Zwar ist ein Stillstand oder eine drastische Umstellung der Meereszirkulation zur Zeit unwahrscheinlich, aber eines ist klar: Sie hätte katastrophale Folgen. Am ehesten wäre eine Änderung bis in ungefähr 150 Jahren denkbar, wenn nämlich die Erde mit Menschen überfüllt sein dürfte und die Umweltbelastungen wahrscheinlich ins Apokalyptische gestiegen sein werden.

6.4 Die Windstärken –
Windvorhersage nach der Wetterkarte

Für Wasser- und Luftsportler ist es äußerst wichtig zu wissen, welche **Windstärken** zu erwarten sind, ganz zu schweigen von der beruflichen Luft- und Seefahrt. Aber auch für Bergsteiger kann das Wissen um die Windgeschwindigkeit durchaus lebensnotwendig sein. Bei einem bevorstehenden starken Sturm eine Gletschertour zu unternehmen, kann genauso lebensgefährlich sein wie der in diesem Fall unsinnige Start eines Segeltörns. Die Wasserschutzpolizei auf den Voralpenseen und die DLRG sind jährlich viele Male wegen Unvorsichtiger im Einsatz.

Die Gewalt des Windes kann enorm groß sein, die Staudruckangaben in Tabelle 6 vermitteln davon einen Eindruck. Die Auswirkungen der Windgeschwindigkeit lassen sich aus Tabelle 7 entnehmen. Die Bezeich-

Tabelle 6 Windgeschwindigkeiten und Staudruck. Die Geschwindigkeiten und der Staudruck sind in 10 m Höhe in freiem Gelände gemessen. In nur 4 m Höhe über dem Erdboden erhält man etwa um 20% niedrigere Werte und in 30 m Höhe ungefähr um 20% höhere. Bei Böen sind nur die tatsächlich gemessenen Werte maßgeblich, sie können nicht in andere Höhen umgerechnet werden.

Beaufort-grad (Bft)	m/s	km/h	Knoten - kn (sm/Std.)	Staudruck in kg/m^2 (senkrecht zum Wind gestellte Fläche)
0	0 - 0,2	1	1	0
1	0,3 - 1,5	1 - 5	1 - 3	0 - 0,1
2	1,6 - 1,3	6 - 11	4 - 6	0,2 - 0,6
3	3,4 - 5,4	12 - 19	7 - 10	0,7 - 1,8
4	5,5 - 7,9	20 - 28	11 - 15	1,9 - 3,9
5	8,0 - 10,7	29 - 38	16 - 21	4,0 - 7,2
6	10,8 - 13,8	39 - 49	22 - 27	7,3 - 11,9
7	13,9 - 17,1	50 - 61	28 - 33	12,0 - 18,3
8	17,2 - 20,7	62 - 74	34 - 40	18,4 - 26,8
9	20,8 - 24,4	75 - 88	41 - 47	26,9 - 37,3
10	24,5 - 28,4	81 - 102	48 - 55	37,4 - 50,5
11	28,5 - 32,6	103 - 117	56 - 63	50,6 - 66,5
12	32,7 +	118 +	64 +	66,6 +

Tabelle 7   Die Windstärken nach der Beaufortskala, die Auswirkungen des Windes an Land und auf See. Die Erweiterungen der Skala wurden nicht aufgenommen, da diese enormen Windstärken in unseren mittleren Breiten kaum jemals vorkommen.

Windst. in Bft	Bezeichnung		Auswirkungen	
	an Land	auf See	im Binnenland	auf See
0	Stille	Stille	Windstille; Rauch steigt fast gerade auf	spiegelglatte See
1	Leichter Zug	Fast Stille	kaum merklich; Rauch treibt leicht ab; Windflügel und Windfahnen unbewegt	kleine, schuppenförmige Kräuselwellen, kein Schaum
2	Leichter Wind	Leichte Brise	Wind ist fühlbar; Wimpel und Blätter werden bewegt; Windfahne zeigt den Wind an	kurze, ausgeprägte Wellen; Kämme sind glasig, brechen aber nicht
3	Schwacher Wind	Schwache Brise	Wimpel wird gestreckt; Laub und dünne Zweige sind in ununterbrochener Bewegung	Kämme beginnen zu brechen, glasiger Schaum; vereinzelt kleine weiße Schaumköpfe
4	Mäßiger Wind	Mäßige Brise	bewegt Zweige und dünne Äste; Staub, lockerer Schnee, Papier wird aufgewirbelt	etwas längere Wellen, weiße Schaumköpfe ziemlich verbreitet
5	Frischer Wind	Frische Brise	kleine Laubbäume beginnen zu schwanken; auf Binnenseen ausgeprägte Schaumkämme	ausgeprägte, lange Wellen, überall weiße Schaumkämme; vereinzelt Gischt
6	Starker Wind	Starker Wind	bewegt starke Äste; pfeift in Telephonleitungen	große Wellen werden gebildet; Kämme brechen und hinterlassen Schaumflächen; etwas mehr Gischt
7	Steifer Wind	Steifer Wind	Bäume schwanken; Gehen wird schwierig	See türmt sich auf und bricht; Schaum bildet Streifen in Windrichtung
8	Stürmischer Wind	Stürmischer Wind	bricht Zweige ab; das Gehen ist beschwerlich	mäßig hohe Wellenberge mit langen Kämmen; Schaum legt sich in ausgeprägte Streifen; Gischt wird vielfach abgeweht
9	Sturm	Sturm	kleinere Schäden an Häusern; Dachziegel können herausgerissen werden	hohe Wellenberge; dichte Schaumstreifen; Gischt kann Sicht beeinträchtigen
10	Schwerer Sturm	Schwerer Sturm	Bäume werden entwurzelt; Schäden an Häusern sind bedeutend; selten im Landesinneren	sehr hohe Wellenberge mit langen Brechern; die See ist weiß vor Schaum und rollt; Gischt beeinträchtigt die Sicht
11	Orkanartiger Sturm	Orkanartiger Sturm	verbreitete Sturmschäden; sehr selten im Binnenland	sehr hohe Wellenberge, Schiffe verschwinden hinter ihnen; Meeresoberfläche völlig von weißem Schaum bedeckt; Sicht ist dadurch stark beeinträchtigt
12	Orkan	Orkan	schwere Verwüstungen; sehr selten im Landesinneren	Luft mit Schaum und Gischt angefüllt; Sicht sehr stark beschränkt; See völlig weiß

nung der Windstärke nach der üblichen **Beaufort-Skala** ist weit verbreitet und unter Sportschiffern üblich. Da jedoch die Windstärke bei 12 Bft „nur" einer Windgeschwindigkeit von 118 km/h entspricht, können stärkere Orkane wie Hurrikane damit nicht erfaßt werden. Für sie gibt es zwei weitere Skalen, die hier jedoch von sehr untergeordnetem Interesse sind. Die Jetstreams mit ihren hohen Windgeschwindigkeiten werden meist in m/s oder in kn gemessen bzw. angegeben. Die Windgeschwindigkeiten am Boden in Europa reichen normalerweise freilich bei weitem nicht in jene Geschwindigkeitsbereiche.

Aber die 1805 von Admiral Sir Francis Beaufort eingeführte 12teilige Skala wurde 1956 erweitert, indem die Stärke 12 in die Teilintervalle 12 bis 17 aufgegliedert wurde, so daß mit dieser bekannten Skala auch sehr schwere Orkane in ihrer Stärke beschrieben werden können.

Gemessen wird die **Windgeschwindigkeit** 10 m über dem Erdboden. Der Wind selbst ist nie gleichmäßig und ruhig, für eine Weile unverändert. Die Geschwindigkeit nimmt ständig unterschiedliche Werte an. In der Atmosphäre, oberhalb der um 500 bis 1.000 m mächtigen Reibungsschicht über dem Erdboden, verläuft die Strömung, wie schon an anderer Stelle dargelegt, längs der Isobaren bzw. Isohypsen der Höhenkarte. Innerhalb der Reibungsschicht nimmt die Windgeschwindigkeit mit abnehmender Höhe wegen der Reibung ab. Außerdem ändert sich die Windrichtung in Richtung auf den geringeren Luftdruck – über dem Meer in etwa um 10°, über Land um 20 bis max. 50°.

Für das mitteleuropäische Binnenland kann man einen **Durchschnittswert** der Windgeschwindigkeit von etwa 3 bis 4 m/s annehmen. Eine windige Küste weist etwa 6 m/s im Jahresdurchschnitt auf. Den Rekord im Jahresmittelwert hält Adelieland in der Antarktis mit 19 m/s. Extreme Werte maß man z. B. in Wyk auf Föhr am 17.10.1967 mit 49 m/s, auf der Zugspitze mit 50 m/s am 20.3.1971, und auf dem Feldberg im Schwarzwald stürmte es am 13.2.1962 mit 57 m/s.

Aus der Wetterkarte kann die ungefähr zu erwartende Windstärke leicht herausgelesen werden. Das geht u. a. mit dem **Rudolffschen Windnomogramm**, und zwar unabhängig vom Maßstab der Wetterkarte. Auf ein und demselben Breitengrad ist die Windstärke gleich, sie ist abhängig vom Isobarenabstand und dem Relief. Zudem muß man einberechnen, ob man sich an Land oder auf See befindet und ob die Luftschichtung stabil ist – 10% müssen von der errechneten Windstärke abgezogen werden – oder labil: +10%. Die besten Werte erhält man natürlich bei schön ausgebildeten Tief- oder Hochdruckwirbel, wenn die Isobarenlinien ungefähr parallel zueinander verlaufen. Abb. 91 stellt das Rudolffsche Windnomo-

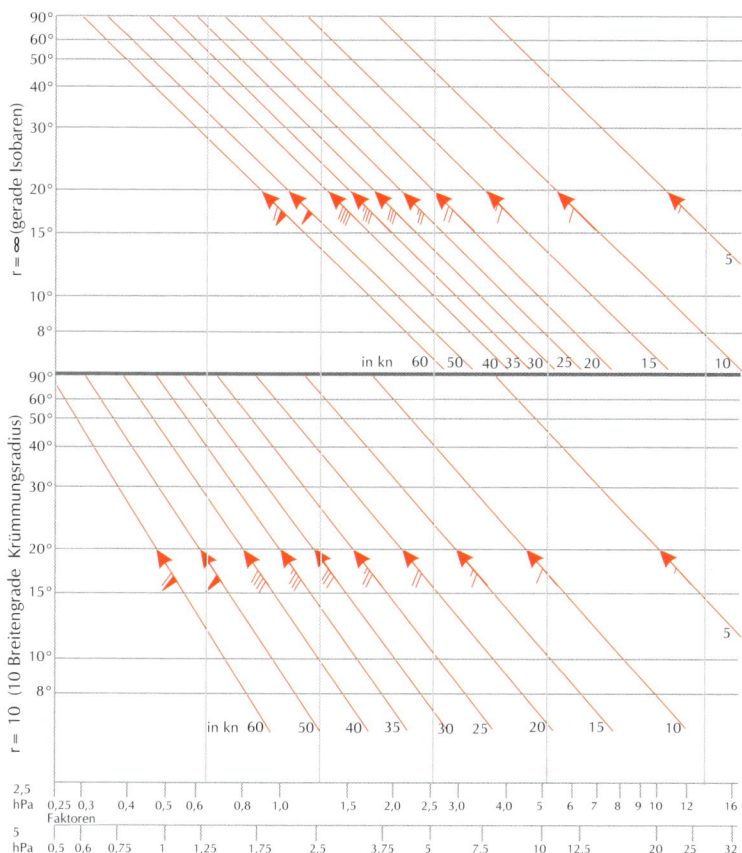

Abb. 91   Rudolffsches Windnomogramm. Mit Hilfe dieses Windnomogramms ist es möglich, aus Wetterkarten, gleich welchen Maßstabs, die zu erwartenden Windstärken herauszulesen (s. nebenstehenden Text).

Beispiel: Gradlinige Isobaren eines Tiefs auf 50° Breite, Isobarenabstand 5 hPa, Distanz zwischen den Isobaren: 60 NM. Rechnung: 60 : 60 = 1,0 (Faktor). Im Diagramm mit r = ∞ auf 50° Breite nach rechts bis zum Schnittpunkt mit Faktorlinie 1.0. Ergebnis: Windstärke von ca. 45 kn = 9 Bft.

gramm dar, allerdings nur mit einem Krümmungsradius von 10 Breitengraden (ca. 1.100 km) und mit geraden Isobaren.

Um die Windstärke nach dem Nomogramm berechnen zu können, bestimmt man:

- Die Isobarenkrümmung. Der Radius der entsprechenden Isobaren wird in Nautischen Meilen (NM) gemessen – Seemeilen (sm): 1sm oder 1 NM = 1,852 km.
- Den Isobarenabstand in NM. Dabei muß beachtet werden, welche Isobaren eingezeichnet sind - z. B. im Abstand von 2,5 oder 5 hPa. Meist sind sie im 5-hPa-Abstand eingezeichnet.
- Den Breitengrad. Er wird aus der Karte herausgelesen.

Bei der Rechnung geht man folgendermaßen vor:

- Die tatsächliche Distanz der Isobaren in NM dividiert man durch 60. So erhält man den Faktor (s. unten in Abb. 91).
- Diesen Faktor sucht man unterhalb des Diagramms bei den entsprechenden Isobaren (z. B. 5-hPa-Abstand) heraus. Zieht man nun eine Linie senkrecht nach oben, schneidet diese im entsprechenden Krümmungs-Diagramm und auf der entsprechenden Breite eine Windgeschwindigkeitslinie.

6.5   Die eigene Wetterkarte – einige Wettertips

Natürlich werden im Fernsehen und im Rundfunk Wettervorhersagen gesendet, und in den Zeitungen sind mehr oder weniger einfache oder detailliertere Wetterkarten mit einer Erläuterung der Wetterlage und der Vorhersage abgedruckt. Dennoch kann es nicht nur Spaß machen, sondern auch sinnvoll sein, sich seine **eigene Wetterkarte** herzustellen. Trotz der vielen Wettersendungen ist es dem Segler auf Nord- und Ostsee, aber auch auf dem Mittelmeer auf jeden Fall anzuraten, selbst eine Wetterkarte zu zeichnen. Die Daten dazu liefern die Stationsmeldungen, die eine Reihe von Sendern zu bestimmten Zeiten liefern. Die Vordrucke dafür werden vom Deutschen Wetterdienst, Seewetteramt Hamburg, herausgegeben.

Beim Erstellen seiner Wetterkarte trägt man die Symbole entsprechend den **Stationsmeldungen** ein: Windstärke und -richtung, Bedeckungsgrad des Himmels, den eventuellen derzeitigen Niederschlag, die gemessenen Temperaturen (bei Schiffsmeldungen auch Wassertemperatur), den Luftdruck etc. Nach den Meldungen und deren Eintragung, wozu auch die Luftdruckgebilde Hoch und Tief, Hochdruckrücken, Hochdruckbrücke, Randtief etc. gehören, werden die Orte gleichen Luftdrucks durch Linien miteinander verbunden. Diese Isobaren – in 5-hPa-Abständen – sind keine Geraden, sondern geschwungene Kurven. Wo Knicke deutlich werden, verläuft eine Front. Vor der Front fällt der Luftdruck, hinter ihr steigt er. Und: Isobaren können sich nie kreuzen!

Da die amtlichen Wettermeldungen in der Regel den Wetterzustand, der vor drei Stunden herrschte, angeben, sollte man auf See bei jedem neuen Bericht eine neue Wetterkarte anfertigen. So erhält man als Skipper einen Überblick über die Bewegungen der Druckgebilde und kann sich auf eine Wetteränderung besser einstellen. Je weiter man sich von der Küste entfernt und je länger der Törn, die Tagesetappe, ist, desto sorgfältiger ist das Wetter zu beobachten und die Karte zu zeichnen.

Um an Bord oder sonst irgendwo ohne Wettermeldungen und ohne Luftdruckmeßgerät (!) festzustellen, auf welcher Seite des Tiefs, das sich schon lange durch die Wolken angekündigt hat, man sich gerade befindet, wird die **Querwindregel** angewendet. Dazu muß man die Richtung des Höhenwindes kennen. Diese entspricht der Zugrichtung des Tiefs, die sich durch die Beobachtung der hohen Wolken erschließt. Den Bodenwind spürt man ja unmittelbar. Aus den unterschiedlichen Richtungen wird die Regel abgeleitet. Nun braucht man sich nur mit dem Rücken in den Bodenwind zu stellen:

- Kommt der Höhenwind von links, wandert das Tief direkt auf einen zu,

- weht der Höhenwind von rechts, zieht das Tief ab, das Wetter wird sich bei einer normalen Rückseite verbessern,

- haben beide Winde dieselbe Richtung, hält man sich im Warmluftsektor auf,

- zeigen Boden- und Höhenwind genau entgegengesetzte Richtungen an, steht man nördlich des Tiefs; das Wetter verschlechtert sich vorläufig nicht.

Noch einige Tips zur Wetterprognose:

- Weht ein leichter Wind mit konstanter Windrichtung, wobei das Barometer nur langsam fällt, und beginnt es schließlich zu regnen, erst leicht, dann immer stärker, so handelt es sich nicht um einen üblichen Regentag, sondern um den schleichenden Heranzug einer Kaltfront, hinter der es Sturm geben wird. Der setzt unmittelbar stark böig nach Durchzug der Front und nachdem der Regen aufgehört hat ein. Dabei ändert sich die Windrichtung um bis zu 130°.

Diese Regel kann auch umgekehrt werden: Ist es zunächst stürmisch und beginnt es dann zu regnen, wird sich der Sturm bald
legen.

Der Luftdruckabfall, den der Barograph aufzeichnet, geht sehr
rapide vor sich. Der Himmel zeigt aufgelockerte Bewölkung, der
Wind weht zunächst schwach, brist aber bald zu Starkwind auf, mit
6 bis 8 Bft. Der Sturm kann mehrere Stunden anhalten, aber sobald
der Luftdruckabfall gestoppt ist, beruhigt sich der Wind, die
Bewölkung kann aufreißen oder es kann erst jetzt zu regnen
beginnen.

Einige weitere Hinweise auf kommendes Wetter finden sich in
Kap. 1.4.5.

Auch die belebte Natur liefert Hinweise auf kurz bevorstehendes Wetter
und sogar auf längerfristige Witterungsverhältnisse:

Blumen in der freien Natur riechen vor einem Gewitter, einem Wettersturz oder -umschwung intensiver. Die verstärkte Duftabsonderung endet
unmittelbar vor der entsprechenden Wetteränderung.

Silberdisteln, verbreitet auf der Schwäbischen Alb und in den Alpen,
schließen wie andere, z. B. der Enzian, vor Wetteränderungen, gleich ob
ein Gewitter oder eine längere Wetterverschlechterung bevorsteht, ihre
Blüten. Dasselbe gilt für den Klee. Zieht bald ein Unwetter auf, läßt er
den Blütenkopf hängen und faltet die Blätter zusammen.

Die **Laubbäume** geben eine Hinweis auf den Winter: Hängen die Blätter
auch noch um die Mitte des November an den Zweigen, ist die Chance,
einen harten Winter zu erleben, recht groß.

Auch aus dem **Verhalten von Tieren** können Rückschlüsse auf kommen-
des Wetter gezogen werden. Am bekanntesten dürften die Schwalben als
Wetterpropheten sein. Bei schönem stabilen Wetter fliegen sie in der
Höhe, da ihre Nahrung, die Insekten, hoch über dem Boden fliegen.
Droht ein Gewitter, auf das es noch gar keine eindeutigen Wolken-
Hinweise gibt, oder steht ein Wetterumschwung bevor, halten sie sich in
Bodennähe auf.

Bergdohlen geben Bergsteigern gute Wetterprognosen, denn etwa zwei
Tage vor einer Wetterverschlechterung fliegen sie ins Tal, um sich nach
Nahrungsgründen umzusehen.

Auch Bienen künden zuverlässig das Wetter an. Vor einem bevorstehenden Gewitter werden sie wegen der elektrostatischen Aufladung der
Luft aggressiver. Wenn sie schnell in ihren Stock zurück verschwinden,
wird in nächster Zeit ein Unwetter losbrechen. Eine bevorstehende

längere Regenperiode veranlaßt sie schon Tage, bevor diese eintritt, ihren Bienenstock kaum zu verlassen. Bleibt oder wird es ein schöner Tag, schwärmen sie schon am frühen Morgen aus.

Schließlich noch ein Hinweis für Bergsteiger: Da vor einem Wetterumschlag die relative Luftfeuchtigkeit in der Höhe zunimmt, erscheinen Felsen, aber auch Holz dunkler als zuvor. Wenigstens weisen sie dunkle Flecken auf. Die Ursache liegt in der Anreicherung von kondensierten Wassertröpfchen auf den Objekten. Einen weiteren Hinweis liefert der Heizofen der Berghütte – vor Wetteränderungen zum Schlechteren hin zieht er miserabel.

7 Besondere Wetterverhältnisse

7.1 Bekannte Windsysteme

7.1.1 Der Föhn – die Pein der Wetterfühligen

In vielen Gebieten der Erde treten charakteristische Luftströmungen auf, die fast alle von der lokalen Orographie hervorgerufen, zumindest aber sehr stark beeinflußt werden.

Eine der auffälligsten der kleinräumigen Strömungen ist der **Föhn**. Er ist in vielen Gebirgsregionen der Erde unter verschiedenen Namen bekannt, z. B. als **Chinook** an der Ostseite der Rocky Mountains in Nordamerika oder als **Leveche** in Spanien. Auch die **Bora** an der Dalmatinischen Küste ist als Fallwind mit dem Föhn verwandt.

Vor allem zur kalten Jahreszeit tritt der Föhn am Nordrand der Alpen sehr markant auf. Der trockene stürmische Wind läßt den Schnee in kurzer Zeit tauen, macht die Luft klar und durchsichtig, so daß man auch von Ulm aus die immerhin etwa 250 km entfernten Bergriesen des Berner Oberlandes sehen kann.

Bei der typischen **Wetterlage**, die zum Föhn auf der Alpennordseite, dem **Südföhn**, führt, herrscht südöstlich der Alpen hoher Luftdruck und durch eine von Westen herannahende Zyklone tiefer Druck über Westeuropa. Bei dieser Luftdruckverteilung entsteht bis in große Höhen eine südliche bis südöstliche Strömung über die Alpen hinweg nach Norden. Da die Alpen bei dieser Windrichtung ein quer zur Strömung liegendes Hindernis darstellen, wird die Luft zum Aufstieg über den mächtigen Querriegel gezwungen. Dabei kühlt sie sich zunächst trockenadiabatisch ab, d. h. um 1 °C pro 100 Höhenmeter. Sobald jedoch das Kondensationsniveau erreicht ist, erfolgt die weitere Abkühlung nach dem niedrigeren feuchtadiabatischen Temperaturgradienten, denn durch die Wolkenbildung wird ja Kondensationswärme freigesetzt, was das Ausmaß der Abkühlung verringert (s. Kap. 2.2.1 f). Beim Abstieg auf der Leeseite wird die Luft wieder erwärmt, und zwar nach Auflösung der Wolken, die sich wie eine Kappe über den Gebirgskamm legen und als „Föhnmauer" bezeichnet werden, wieder nach dem trockenadiabatischen Temperaturgradienten (s. Abb. 26 und 92). Weil die über das Gebirge gezwungene Luft auf der

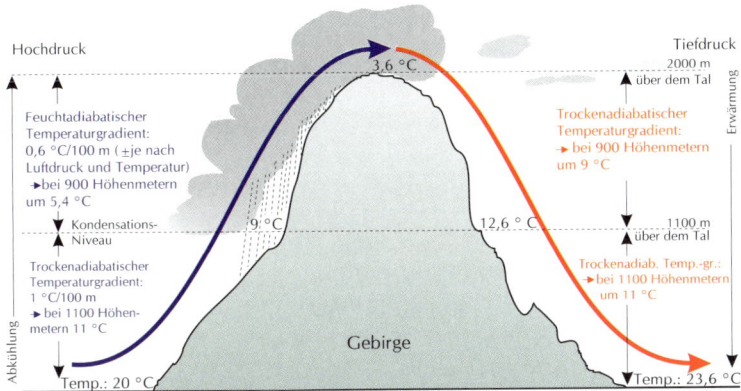

Hochdruck

Tiefdruck

3,6 °C.

2000 m
über dem Tal

Erwärmung

Feuchtadiabatischer
Temperaturgradient:
0,6 °C/100 m (±je nach
Luftdruck und Temperatur)
► bei 900 Höhenmetern
um 5,4 °C

Trockenadiabatischer
Temperaturgradient:
► bei 900 Höhenmetern
um 9 °C

Kondensations-
Niveau

9 °C

12,6 ° C

1100 m
über dem Tal

Trockenadiabatischer
Temperaturgradient:
1 °C/100 m
► bei 1100 Höhen-
metern 11 °C

Trockenadiab. Temp.-gr.:
► bei 1100 Höhenmetern
um 11 °C

Gebirge

Abkühlung

Temp.: 20 °C

Temp.: 23,6 °C

Abb. 92 Der Föhn. Beim Aufstieg über das orographische Hindernis kühlt sich das Luftpaket entsprechend seinem adiabatischen Zustand ab. In der Regel regnet es während des ersten Teils des Abstiegs jenseits des Gebirgskammes noch ein wenig weiter, bis der Taupunkt wieder unterschritten wird. Nach dem trockenadiabatischen Temperaturgradienten erwärmt sich das Luftpaket erst, wenn sich die Wolken, die ‚Föhnmauer', wieder aufgelöst haben. In der Skizze wird angenommen, daß der Regen auf dem Gipfel aufhört und die Wolken sich auflösen. (Siehe dazu Abb. 26 und Kap. 2.2.2)

Luvseite viel ihrer Feuchtigkeit abgeregnet hat, kommt sie in den nordseitigen Tälern und im Voralpenland nicht nur sehr warm, sondern auch äußerst trocken an. Die relative Luftfeuchtigkeit beträgt dort häufig nur noch 25 bis 30%.

Die flachen Wolken auf der Leeseite hinter dem Hauptkamm gehören zu den lenticularis-Formen – die klassischen „Föhnfische" sind Altocumuli lenticularis – und entstehen durch die Strömungsschwingungen, die in Abb. 41 verdeutlicht sind.

Da der Temperaturanstieg auf der Nordseite gegenüber der Ausgangstemperatur auf der Südseite oftmals größer ist als hier dargestellt, muß die Erklärung etwas komplizierter sein. Neben der beschriebenen großräumigen Luftströmung von Süden nach Norden führen die durch die Orographie bedingten Vertikalbewegungen zu einem Druckanstieg auf der Luvseite und zu einem Druckabfall auf der Leeseite, wodurch die bereits vorhandenen Druckunterschiede verstärkt werden. Hieraus schöpft sich die große Energie, welche bei einem gut ausgeprägten Föhn die Luft in Böen bis über 150 km/h schnell in die Täler stürzen und die dort lagernde Kaltluft ausräumen läßt. Die Temperaturdifferenz zwischen Luv-

Abb. 93

und Leeseite wird zusätzlich erhöht, weil auf der Luvseite die Schicht bis etwa 1.500 m in die Strömung kaum einbezogen wird. Der Aufstieg ist gegenüber dem Abstiegsweg wesentlich kürzer. Vereinfacht ausgedrückt: Da die Luft der höheren, in die Südströmung einbezogenen Schichten entsprechend ihrer Höhe in der Regel zwar kühler, aber eben nicht um 1 °C pro 100 Höhenmeter kühler ist, ist sie relativ warm. Wenn sie aufsteigt, kühlt sie sich nun ihrem Feuchtigkeitsgehalt gemäß trocken- und/oder feuchtadiabatisch ab. Auf der anderen Seite, im Lee, erwärmt sie sich nach Auflösung der Wolken trockenadiabatisch und wird schließlich wärmer und trockener, als wenn die Luft der Luv-Tallagen miteinbezogen wäre.

Die oben beschriebene Wetterlage ist zyklonal bestimmt. Sobald die Kaltfront (s. Abb. 93 und 94) die Alpennordseite erreicht, bricht der Föhn zusammen, und es folgt schlechtes Wetter mit Regenschauern und erheblich niedrigeren Temperaturen. Dabei sollte noch darauf hingewiesen werden, daß der Föhn häufig mit wolkenlosem Himmel über der Luvseite und dem Gebirgskamm beginnt. Erst wenn feuchte Luftmassen aus dem Mittelmeerraum in die Strömung einbezogen werden, bilden sich die Wolken. Daher ist der Föhn in der Anfangsphase auf der Nordseite auch noch nicht so warm.

Abb. 94

Der **Nordföhn** ist nicht so markant ausgeprägt. Er entsteht bei hohem Luftdruck nordwestlich der Alpen und bei tiefem Lufdruck südöstlich des Gebirges.

Der Föhn kann grundsätzlich auch nur sehr schwach ausgebildet sein, so daß er gar nicht bis in die Tallagen durchbricht. In den Tälern bleibt die Kaltluft liegen, auf den Bergen ist es im Vergleich zur Temperatur direkt über dem Talgrund sehr viel wärmer, und das bei schöner Fernsicht.

Allerdings kann der Föhn auf der Alpensüdseite auch als kalt empfunden werden, also eher einen Boracharakter aufweisen. Das ist im Sommer tagsüber oft der Fall, wenn es in Norditalien sehr viel wärmer ist als auf der Alpennordseite. Abends und morgens hingegen wirkt der Nordföhn immer erwärmend.

Der Föhn ist also ein Wind, der über ein Gebirge gezwungen wird und auf der Leeseite wärmer und trockener ist als auf der Luvseite in derselben Höhe.

Während der Föhnphase klagen viele wetterfühlige Menschen u. a. über Kopfschmerzen, Mattigkeit und sonstiges körperliches Unbehagen. Damit einher geht auch eine Zunahme von Unfällen. Besonders kreislauffühlige Menschen sind davon betroffen. Aber es gibt auch andere, die sich bei

Föhn sehr wohl fühlen und besonders tatkräftig sind. Die Ursachen hierfür liegen noch weitgehend im dunkeln, es dürften aber wohl auch die Schwingungen an den Luftmassengrenzflächen, hervorgerufen von den rasanten Luftströmungen, beteiligt sein, die zu schnellen Luftdruckschwankungen führen.

7.1.2   Die Bora –
ein kalter Fallwind

Während der Föhn als warmer Fallwind die Temperaturen in die Höhe treibt, ist die ruppige **Bora** an der Dalmatinischen Küste der Adria ausgesprochen kalt und unangenehm.

Sie entsteht, wenn ausgekühlte Luft aus einem Hoch über dem östlichen Mitteleuropa, Osteuropa oder dem Balkan von tieferem Luftdruck südlich der Alpen bzw. über Italien, der Tyrrhenis und der Adria angesaugt wird. Ein kräftiges Tief über Griechenland sorgt ebenfalls schon für die stürmische Bora (s. Abb. 88).

Der föhnartige Abstieg auf die warme Adria geschieht oft in einem Tempo, der einem Absturz gleichkommt, mit stark böigen Sturmwinden von extremen Geschwindigkeiten. Die relativ geringe Höhe des sich längs der Küste hinziehenden Karstgebirges reicht nicht aus, um die Lufttemperatur wesentlich zu erhöhen. Daher ist der Sturm meist sehr unangenehm kalt.

Bei einem Hoch nordöstlich der Adria kündigts sich eine **antizyklonale Bora** damit an, daß der Druck langsam zu steigen beginnt, am Morgen kein nächtlicher Taufall zu erkennen ist, bei tiefblauem Himmel sich die Sicht stark verbessert hat und Wolken über den Bergkämmen stehen.

Liegt ein kräftiges Tief über Süditalien, das von Osten Luft heranzieht, kündigt sich die **zyklonale Bora** durch Druckfabfall an, wobei es diesig und warm wird. Dieses Vorspiel zur Bora kommt vor allem im Frühjahr und auch im Sommer vor. Zunächst kommen Wind und Regen aus Süden bis Südosten auf – **Yugo**. Häufig gehen dabei Gewitter nieder. Erst danach, wenn es aufgeklart hat, setzt die Bora vehement ein.

Typisch für die **Bora** ist:

- Sie bläst aus Nordosten,
- ist stark böig,
- entsteht innerhalb von wenigen Minuten,

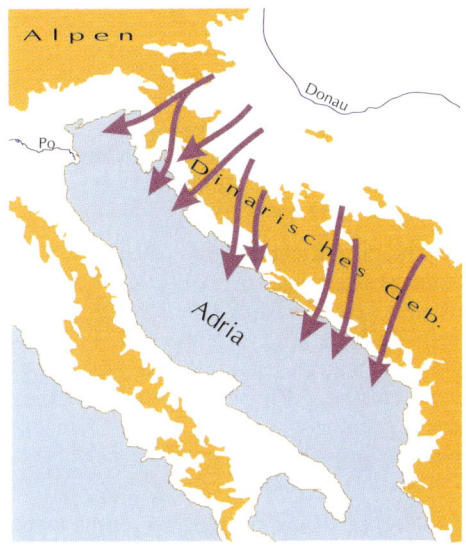

Abb. 95   Die Bora an der Dalmatinischen Küste.

Die Bora ist im Gegensatz zum warmen Föhn ein kalter Fallwind, da die geringe Höhe des Küstengebirges nicht ausreicht, die aus Nordosten kommende Festlandsluft gegenüber den meist erheblich höheren Temperaturen an der Küste der Adria wesentlich zu erwärmen. Der Sturm ist in der Regel sehr böig und äußerst heftig. Im Sommer hält er oft nur wenige Stunden oder allenfalls Tage an, im Winter kann es wochenlang stürmen.

- ist kalt und trocken,
- und es folgt schönes Wetter.

Im Sommer dauert der Bora-Sturm nur einige Stunden bis – selten – wenige Tage, im Winter jedoch kann er wochenlang anhalten. Sein Ende wird durch den Anstieg des Luftdrucks eingeleitet, wobei der Wind auf Nordwest dreht.

Derartige kalte Fallwinde gibt es natürlich auch in anderen Teilen der Erde, wo sie teilweise denselben Namen tragen, wie z. B. in Japan.

Zu den kalten Fallwinden können auch die **Gletscherwinde** gerechnet werden, die sowohl am Rande von Gebirgsgletschern als auch am Rande der grönländischen und antarktischen Eisschilde anzutreffen sind. Vor allem an den Küsten der Antarktis können hohe Windgeschwindigkeiten auftreten. Diese Windsysteme kommen dadurch zustande, daß die Luft über dem kalten Eis sehr stark abgekühlt wird, infolgedessen in ihrer Dichte zunimmt und, somit schwerer geworden, als Schwerewind seitwärts abfließt.

7.1.3   Der Mistral –
stürmischer Nordwind im Rhonetal

Beim **Mistral** handelt es sich nicht nur um einen Fallwind, der über die Cevennen ins Rhonetal stürzt. Maßgeblich beteiligt an seinem Zustandekommen sind die Luftdruckunterschiede zwischen einem atlantischen Hoch und tiefem Druck über dem Mittelmeer.

Wenn ein **Tief über Nordfrankreich** in Richtung Osten abzieht, ist die klassische Ausgangslage für den Mistral gegeben. Sobald die Kaltfront und somit die von höherem Druck geprägte Rückseite von Norden her das Mittelmeer erreicht hat, setzt der kalte Mistral, in den meisten Fällen mit Sturmstärke, ein (s. Abb. 81 und 86). Die hohen Windgeschwindigkeiten kommen vor allem durch das enge Rhonetal, ein Grabenbruch zwischen den Alpen und den Cevennen, zustande. Diese Düse beschleunigt den Wind beträchtlich. Oberhalb der Kammhöhe beiderseits des Tals bleibt der Wind bei moderatem Tempo.

Der Mistral kündigt sich einige Stunden, bevor er einsetzt, durch einen leichten Druckabfall an. Die Sicht wird schlechter, und am Himmel ziehen einzelne Cirren nach Süden. Die Ankunft der Front zeigt kaum Wirkung, sie ist meist nur von einzelnen Cirrus- oder Altocumulusfeldern gekennzeichnet. Hinter ihr erst beginnt der Mistral innerhalb von Minuten zu blasen, während der Luftdruck wieder etwas ansteigt. Die Sicht wird hervorragend, und die Bewölkung löst sich auf.

Im Sommer kann es bis zu drei Tagen mit 6 bis 7 Bft stürmen, im Winter aber zieht es mit 10 bis 12 Bft erheblich stärker, und das oft mehr als sieben Tage lang.

Am stärksten bläst der Sturm im Gebiet der Mistralzunge. Im Golf von Genua ist er noch als küstenparalleler Westwind zu spüren. In der Region um die Balearen, um Sardinien und an der afrikanischen Küste wird der Sturm oft von heftigen Regenfällen und Gewittern begleitet.

Zusätzliche Windstärken gibt es durch Düsenwirkung und Ablenkung

- an der Küste von Perpignan,
- westlich von Korsika
- und Sardinien,
- in der Straße von Bonifacio,
- in der Bucht von Cagliari.

Die Bewölkung entwickelt sich durch die Aufheizung der Luft über dem relativ warmen Mittelmeer. Dadurch und durch ein kompliziertes

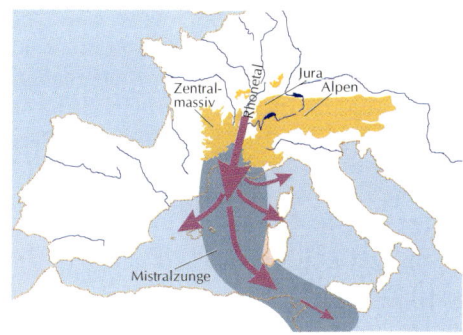

Abb. 96   Der Mistral, ein kalter Wind, der vor allem hinter einer von Norden bis ins Mittelmeer vorstoßenden Kaltfront in Sturmstärke auftritt. Für die Schiffahrt, insbesondere für die Sportschiffer kann er sehr gefährlich sein. Häufig entwickelt sich im Gefolge des Mistral ein Genuatief, das sich immer wieder bis zur Alpennordseite auswirkt.

Kräftespiel am Ausgang der Alpen entsteht häufig ein Genuatief, aus dem sehr heftige Niederschläge ausfallen können (s. Kap. 1.4.4).

7.1.4   Der Meltemi –
Geißel der Ägäis

Die über Asien und Afrika entsprechend dem Sonnenstand erfolgenden Luftdruckänderungen sind derart groß, daß sie sich sogar bis nach Europa auswirken. Vor allem im Sommer nimmt der Luftdruck von den Alpen bis zum Persischen Golf um annähernd 20 hPa ab. Da der tiefe Druck im Bereich der ITC aufgefüllt werden will, wehen tagsüber beständige nördliche Winde im gesamten Mittelmeergebiet. Vor allem aber über Südosteuropa, Kleinasien, Arabien und Nordafrika ist der Wind sehr stark. Im alten Griechenland wurden diese Winde **Etesien** genannt, eine Bezeichnung, die auch heute noch ihre Gültigkeit besitzt und in der Ägäis neben dem türkischen Namen **Meltemia** gebräuchlich ist.

Im Mai beginnt der Meltemi zu brausen. Er ist der Herr der schmalen verwinkelten Gassen zwischen den kubischen weißen Häusern auf den Kykladen-Inseln. Insbesondere ihm verdanken die Inselsiedlungen den einem Irrgarten gleichenden Grundriß. Das verworrene Labyrinth, in dem sich der Fremde während der ersten Tage seines Aufenthaltes ständig verirrt, soll den Wind brechen, ihn zähmen. Seine volle Gewalt, die den Seglern und Fischern oft heftig zusetzt, erringt er mit 5 bis 6 Bft im Juli, und die behält er bis in den September hinein. Zwischen den Inseln und im Bereich der Kaps wird er durch die Düsenwirkung noch wesentlich verstärkt. Auch auf der Leeseite der Inseln hat man keine Ruhe, dort fällt er, wenn auch abgeschwächt, geradezu heimtückisch über die Schiffe her. Dabei ist es meist gar nicht so sehr der Wind, der den Seglern zu schaffen macht, sondern die kurzen steilen Wellen der Ägäis. Meltemi ist nicht sein einziger Name, auf einigen Inseln wird er Kareklatos genannt, „Stuhlwind", weil er gelegentlich die Stühle vor den Tavernen ins Meer wirft, oder auf Mykonos auch Kambanatos, „Glockenwind", da es ihm bisweilen gefällt, die Glocken der 280 Kirchen in Bewegung zu setzen.

Das Wetter während der Meltemi-Zeit ist gekennzeichnet von:

- dem konstanten nordöstlichen Wind und
- einem gleichbleibenden Luftdruck,
- einem wolkenlosen Himmel,
- Cumuluswolken über dem Festland und guter Fernsicht.

Nur manchmal wird die trockene stürmische Wetterlage gestört, in der Regel aber nicht im Hochsommer. Bisweilen zieht eine Kaltfront durch, die 2 bis 3 Tage lang Gewitterschauer niedergehen läßt. Angekündigt wird eine solche Störung durch eine Verschlechterung der Sichtverhältnisse und einen Druckabfall. Umgekehrt zeigen Druckanstieg und Sichtverbesserung das Ende der Störung an.

Frei vom Meltemi sind die Gebiete von Marmaris bis Antalya, die Nordküste Griechenlands und die Chalkidiki. Relativ schwach bläst er im Bereich der Ionischen Inseln. Besonders stark stürmt es zwischen Rhodos und Marmaris – aus Südwest bis West, denn über Kleinasien ist ein großes Hitzetief ausgebildet –, von Kos bis Ikaria, zwischen Ikaria und Samos, über den Kykladen, um Chios, in den östlichen Sporaden und an der Nordküste von Kreta.

7.1.5   Der Scirocco –
Warmluft aus der Sahara

Der **Scirocco** ist ein heißer Wüstenwind aus der Sahara, der in fast jedem von ihm betroffenen Land einen anderen Namen hat, z. B. Marin in Südfrankreich oder **Yugo** an der Dalmatinischen Küste.

Der Wind kommt immer dann zustande, wenn ein **Tief von Nordafrika** in nördlicher Richtung übers Mittelmeer zieht. Über dem Meer nimmt es sehr große Energiemengen auf, mit der Folge, daß es im Warmluftbereich zu gewaltigen gewittrigen Unwettern kommt. Durch den weiten Weg des

Windes über das Mittelmeer baut sich schwerer Seegang auf, der besonders die Küsten von Spanien über Frankreich bis Italien trifft. Im Winterhalbjahr können schon bis zu 20 m hohe Wellenberge vorkommen. Im Golf von Genua, der einem Trichter ohne Ausgang ähnelt, schaukeln sich immer wieder bereits bei einem normalen Sommer-Scirocco die Wellen bis zu 10 m hoch auf. Bei einem ausgewachsenen Scirocco sollten Schiffe daher im tiefen Wasser, möglichst jenseits der 1.000-m-Tiefenlinie bleiben, denn dort sind die Wellen länger und somit leichter zu überstehen.

Erkennbar ist aufkommender Scirocco durch:

- zunächst nur wenig Wind,
- dann wird es heiß und schwül,
- die Sicht wird schlecht, es wird diesig, manchmal sogar nebelig,
- der Luftdruck fällt kontinuierlich,
- der Himmel verfärbt sich grau und überzieht sich mit dichter Bewölkung.
- Dünung kommt aus südlicher Richtung auf,
- der Wind legt zu, der Seegang wird höher,
- aber der eigentliche Scirocco läßt noch zwei Tage auf sich warten, bis er mit Gewalt voll einsetzt.

Ist das aus Nordafrika nach Norden wandernde Tief groß genug, zieht es östlich um die Alpen herum, übersteigt sie zum Teil auch und bringt uns in Süddeutschland vor allem Wärme und den vom Wüstenstaub rötlich gefärbten Regen, der in einem vorhergehenden Kapitel bereits genannt wurde. Der weitere Weg des Tiefs reicht bis über Polen zur Ostsee, wo es sich im allgemeinen dann auffüllt (s. Abb. 89).

7.2   Kleinräumige Windsysteme

7.2.1   Land- und Seewind – Windsystem an der Küste

Land und Wasser unterscheiden sich in ihrer Wärmespeicherkapazität. Das Land heizt sich viel schneller auf und kühlt andererseits auch rascher ab als das Wasser. Daher kommt es an der Küste, aber auch am Ufer großer Seen bei ruhiger Hochdrucklage, wenn großräumige Luftbewegungen fehlen, zu unterschiedlicher Bewölkung und zu unterschiedlichen

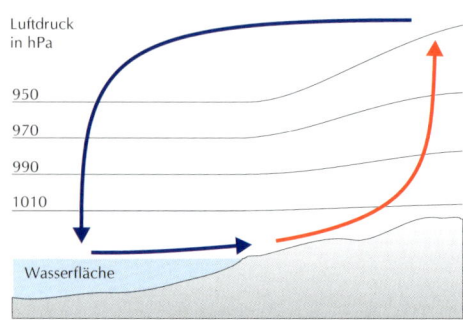

Luftdruck in hPa

950

970

990

1010

Wasserfläche

Abb. 97   Luftdruckunterschied zwischen Land und See bei ruhiger Wetterlage und sommerlicher Sonneneinstrahlung.

Da sich erwärmte Luft weiter nach oben ausdehnt als kühlere, entsteht ein mit der Höhe zunehmendes Luftdruckgefälle gegenüber der Luftmasse über der kühleren Wasserfläche.

Windrichtungen im Tagesgang. Vor allem im Sommer ist dieser spezielle Tagesgang sehr ausgeprägt, denn wenn die Sonne hoch am Himmel steht, liefert sie mehr Wärmeenergie pro Quadratmeter als im Winter und erhitzt dadurch das Land schnell und stark. Infolgedessen steigt über der „Heizfläche Land" die Luft auf und kühlt sich dabei entsprechend dem trockenadiabatischen Temperaturgradienten ab, und wenn die relative Luftfeuchte 100 % überschreitet, entstehen Konvektionswolken – Cumu-li – (s. Kap. 2.2.2 und 3.1).

Zu dem so entstandenen **lokalen Tief** über Land strömt die Luft von See her nach, und da Seeluft von vornherein recht feucht ist, wird die Sättigungsgrenze relativ rasch erreicht. Die aufsteigende Luft kommt – inzwischen abgekühlt – zu einem großen Teil wieder dort herunter, von wo sie ausging, nämlich über dem kühleren Wasser. Und da sich absteigend Luft grundsätzlich erwärmt, wird sie auch trocken. Der Grund dafür, daß sie zu ihrem Ausgangsort zurückfließt, liegt im Luftdruckgefälle in der Höhe, wärmere Luft ist schließlich ausgedehnter als kühlere und damit dichtere. Der Corioliskraft kommt in dieser kleinräumigen Zirkulation keine nennenswerte Bedeutung zu, d. h., daß die Luftströmung senkrecht zu den Isobaren verläuft.

Durch die beschriebene relativ kleinräumige Zirkulation herrscht an Sonnentagen in der warmen Jahreszeit die in Abb. 97 ersichtliche Luftdruckverteilung: ein **Hoch über dem Wasser**, ein Tief mit nachmittäglichen Schauern über dem Land. Der charakteristische Tagesgang zu allen Jahreszeiten bei ruhiger Wetterlage ist in Tabelle 2 aufgezeichnet. Im Laufe des Tages dehnt sich das Windsystem mit seiner Wolkenbildung an der Küste bis etwa 30 km, teilweise sogar bis 50 km weit ins Landesinnere aus. Die vertikale Mächtigkeit beträgt meist jedoch nur 500 m. Inseln und Festlandsküsten lassen sich deshalb schon weit draußen auf See

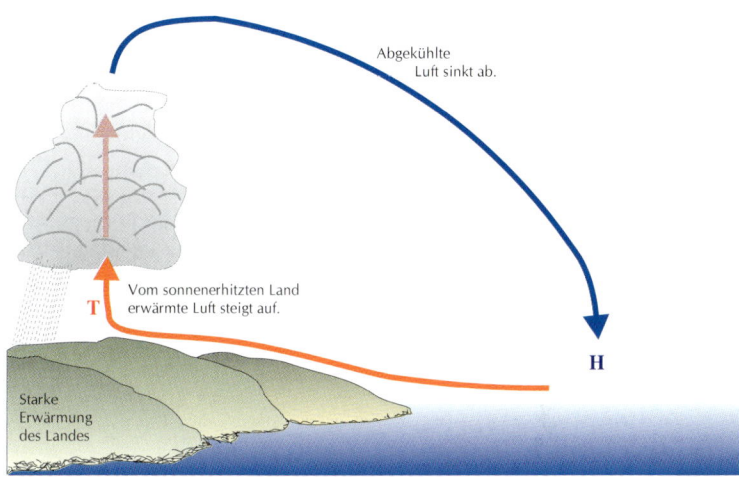

Abgekühlte
Luft sinkt ab.

Vom sonnenerhitzten Land
erwärmte Luft steigt auf.

T

H

Starke
Erwärmung
des Landes

Abb. 98   Land- und Seewind. Tagsüber steigt die Luft über dem erhitzten Land auf und strömt in der Höhe wieder in Richtung zur kühleren Wasserfläche, wobei sie gleichzeitig absinkt. Von dort beginnt der Kreislauf von neuem, denn das warme Land saugt die Luft erneut an - Seewind. Nachts funktioniert das System umgekehrt, weil nun das Wasser wärmer ist als das Land - Landwind.

an den Konvektionswolken erkennen, lange bevor das Land in Sicht kommt. An der Küste ist das Wetter bei gleicher Wetterlage also generell schlechter als weiter im Binnenland oder auf See.

Gegen **Abend**, wenn die Sonne tiefer sinkt und ihre Heizkraft nachläßt, schläft die Seebrise ein, und die Wolken lösen sich auf. Mit einbrechender Dunkelheit hat sich das Land meist so weit abgekühlt, daß nun das Wasser wärmer ist – nun funktioniert das System anders herum: Über **Land** bildet sich ein **Hoch** aus und über See ein **Tief**, der Wind weht aber schwächer als der Seewind während des Tages.

Die Stärke des auflandigen Windes liegt an der Uferregion des Bodensees bei 1 bis 3 Bft, an der Ostsee weht er etwa gleich kräftig, an der Nordsee ist er mit immerhin 2 bis 4 Bft schon stärker, und am Mittelmeer bläst er mit 3 bis 5 Bft im europäischen Bereich am stärksten. Nur in den Tropen, wo das Land unter der Sonne noch heißer wird, legt der Wind sogar noch weitere 2 Bft zu und erreicht somit bereits Sturmstärke.

Läuft das System nach dem beschriebenen und aus Tabelle 2 ersichtlichen Schema ab, ist keine Wetterumstellung zu erwarten.

Ein ähnlicher bzw. bei warmem Wetter noch verstärkender Effekt der Wolkenbildung stellt sich auch dadurch ein, daß eine von See auf das Land auftreffende Luftmasse angehoben wird, und zwar nicht nur über einem ansteigenden Land. Die Luft wird im übrigen nicht nur in die Höhe gezwungen, sondern erfährt zusätzlich noch eine Richtungsänderung. Der Grund: Die Reibung über Land ist größer als über See, und eine verstärkte Reibung hat grundsätzlich eine Verlangsamung der Windgeschwindigkeit zur Folge, weshalb sich die Luft staut und in ihrer Bewegungsrichtung verändert wird. Auf See, unmittelbar vor der Küste, bläst der Wind am stärksten, sehr viel stärker als an Land und stärker als weiter draußen auf dem Wasser.

7.2.2   Berg- und Talwind

Ähnlich wie das Land- und Seewind-System ist die **Berg- und Talwind-Zirkulation** gelagert, jedoch wegen der Vielfalt des Reliefs ein wenig komplizierter. Voraussetzung für die am Vormittag einsetzende Windzir-

Abb. 99   Berg- und Talwindsystem. Am Vormittag setzt das Windsystem bei Hochdruckwetterlage mit steigender Sonne ein. Die Graphik zeigt die Situation am späteren Vormittag, die Sonne steht links hinter dem Betrachter. Die der Sonne ausgesetzten Hänge erwärmen sich, was an der Farbgebung ersichtlich ist - je heller, desto wärmer ist der Hang. Die Schattenhänge sind noch von der Nacht ausgekühlt, der Talgrund ist etwas wärmer.

Die Luft erwärmt sich über den warmen Bergflanken, sie steigt auf, bei Erreichen des Kondensationsniveaus bilden sich Quellwolken, und ein Teil der aufgestiegenen und sich über den Gipfeln abkühlenden Luft sinkt ins Ursprungstal zurück, während ein anderer Teil ins Nachbartal und großräumig ins Vorland abfließt. Von dort strömt Luft zum Ausgleich als Talwind die Täler aufwärts, um erneut als Hangaufwind den Kreislauf in Gang zu halten.

Am späten Nachmittag, wenn die Sonneneinstrahlung von rechts gegen den Betrachter erfolgt, kühlt der rechte Berghang aus, so daß dort bereits eine abwärts gerichtete Luftströmung einsetzt, während die linken Berghänge noch viel Strahlungsenergie einfangen, mit der Folge, daß die Luft über ihnen noch aufsteigt.

In der Nacht kühlen die Hänge schneller aus als der Talgrund, so daß kühle, schwerer gewordene Luft die Hänge hinabfließt. Durch die Konvergenzströmung über der Talsohle wird sie zum Teil in die Höhe gedrängt, im wesentlichen aber setzt sie sich talauswärts in Bewegung und findet von dort, über dem wärmeren Vorland mittlerweile wieder aufgestiegen, den Weg zurück in die Berge.

kulation ist eine **Hochdruckwetterlage mit starker Sonneneinstrahlung**. Der Motor dieses Systems ist die Erwärmung der von der Sonne beschienenen Hänge. Die Luft direkt über diesen erwärmt sich, je nach Exposition zur Sonne und je nach Oberflächenform und Bewuchs in unterschiedlichem Maße, auf jeden Fall jedoch stärker als die Luft in gleicher Höhe über dem Tal und dem Talausgang.

Am Vormittag setzt zunächst über den der Sonne ausgesetzten Hängen der **Hangaufwind** ein. Seine maximale Geschwindigkeit beträgt in der Regel 2–3 m/s (7–11 km/h). Die aufgestiegene Luft kühlt sich über dem

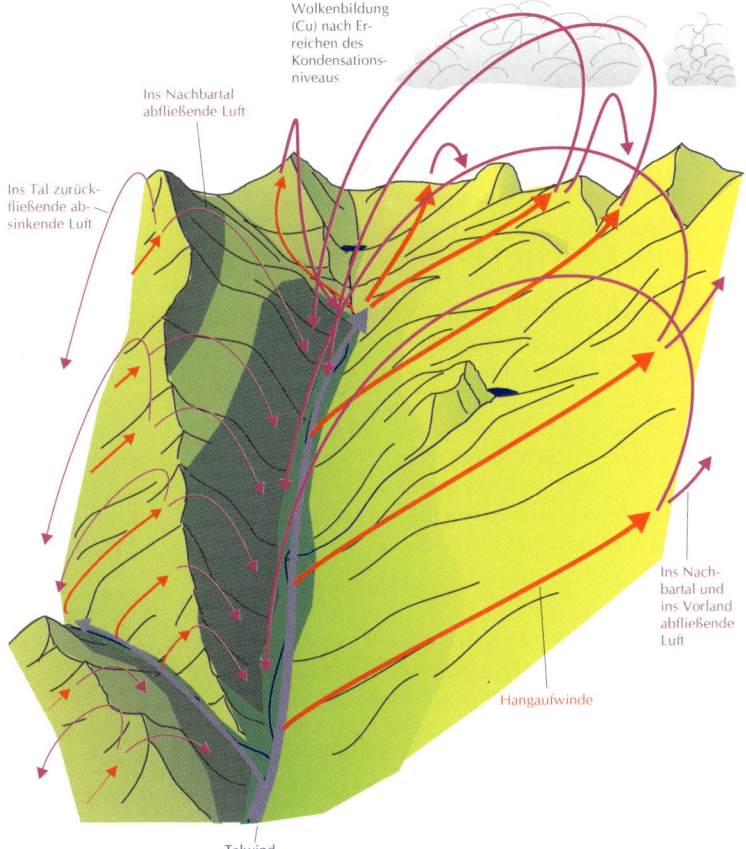

Wolkenbildung (Cu) nach Erreichen des Kondensationsniveaus

Ins Nachbartal abfließende Luft

Ins Tal zurückfließende absinkende Luft

Ins Nachbartal und ins Vorland abfließende Luft

Hangaufwinde

Talwind

Gebirgskamm ab und sinkt über dem Ursprungstal, einem Nachbartal oder auch über dem Vorland wieder in tiefere Lagen. Da die aufgestiegene Luft ersetzt werden muß, stellt sich allmählich der **Talwind**, eine aus dem Vorland die Täler aufwärts gerichtete Ausgleichsströmung, ein. Bis zum Nachmittag übertrifft dieser mit max. etwa 6 m/s die Hangaufwinde an Stärke.

Um die Mittagszeit bilden sich, je nach Wetterlage, die ersten Cumuli über den Berggipfeln und -kämmen, denn die Luft aus dem Tal ist im allgemeinen relativ feucht, so daß das Kondensationsniveau bald erreicht ist. Über den Tälern hingegen bleibt, wegen der absteigenden Tendenz der Luft, der Himmel wolkenlos.

Nach **Sonnenuntergang** schlafen Hang- und Talwind langsam ein, und nach kurzem Stillstand läuft das Windsystem umgekehrt ab. Die Berghänge und die Luft über ihnen kühlen sich durch die starke Ausstrahlung schneller und stärker ab als die Luft über dem Tal in gleicher Höhe. Die nun dichter und somit schwerer gewordene Luft strömt die Hänge hinab und sorgt so, wenn sie ungehindert fließen kann, für frische Luft in den Tälern. Im allgemeinen ist der nächtliche **Bergwind** schwächer ausgeprägt als der Talwind tagsüber. Wolken bilden sich nur dann, wenn durch die Strömungskonvergenz in der Talmitte Luft bis zum Kondensationsniveau aufsteigt. Die Wolken sind dann aber keine aufquellenden Cumuli, sondern nur Stratocumulusformen. Am ehesten kommen solche Wolken dann vor, wenn das Tal sehr gewunden und eng ist oder wenn das Tal durch Verbauung den Luftabfluß behindert und die Luft daher zum Aufstieg gezwungen wird. Aus dem Grunde sollten Täler, nicht nur in den Alpen, sondern auch im relativ flachen Hügelland nicht so bebaut werden, daß die Bauten wie Dämme wirken. Den Nachteil hätten die Bewohner, denen die vor allem tagsüber erzeugten Abgasschwaden auch in der Nacht zumindest zu einem erheblichen Teil erhalten blieben.

Oberhalb des das Tal sperrenden Querriegels staut sich die Kaltluft, es bildet sich ein nächtlicher Kältesee mit der entsprechenden Frostgefahr und vermehrter Nebelbildung. Während unterhalb des natürlichen oder künstlichen Riegels am Morgen schon längst die Sonne scheint und die Temperatur angenehme Werte zeigt, ist es oberhalb oft nebelig und vor allem wesentlich kühler.

Ganz anders, nicht nach dem oben beschriebenen Berg- und Talwindsystem, weht der Wind im Oberengadin: nämlich genau umgekehrt – tagsüber talab und nachts talaufwärts. Er ist die Fortsetzung des Berg- und Talwindsystems des am Malojapaß in das Oberengadin übergehende

Bergells bzw. Meratals. Das nach Westen bis Südwesten abfallende Meratalgebiet wird sehr stark erwärmt, aber wesentlich ist, daß sich die Bergkämme des Bergells im Oberengadin fortsetzen. Dadurch wird die Erwärmungsfläche so vergrößert, daß der den steilen Malojapaß heraufströmende Wind denjenigen des flachen Inntales im Engadin übertrifft.

7.3 Gewitter

Zwar wird unter dem Einfluß der kurzwelligen UV- und Röntgenstrahlung der Sonne und der durchdringenden kosmischen Strahlung und der Strahlung radioaktiver Substanzen die Atmosphäre ständig aufgeladen, indem von elektrisch neutralen Atomen und Molekülen Elektronen abgespalten bzw. angelagert werden, aber dadurch kommt es noch zu keinem Gewitter. Diese normale Ionisation nimmt mit der Höhe stark zu und erreicht in der Ionosphäre (60–500 km Höhe) ihr Maximum. Die Feldstärke ist jedoch am Boden mit etwa 130 V/m sehr viel stärker als in der Höhe. Zwischen Ionosphäre und der Erdoberfläche besteht ein Spannungsunterschied von durchschnittlich 280 kV. Der Spannungsunterschied wird ständig auszugleichen versucht, d. h., es fließt positive Ladung von der Hochatmosphäre zur Erdoberfläche, und auf dem umgekehrten Weg wird negative Ladung transportiert.

In diesem globalen luftelektrischen Feld sind durch wolken- und niederschlagsbildende Prozesse lokale elektrische Felder eingelagert, die, wenn sie stark genug sind, als Gewitter zum Ausdruck kommen und auf diese Weise abgebaut werden.

Gewitter sind an Quellbewölkung gebunden, es müssen also Vertikalbewegungen stattfinden, und zwar größeren Ausmaßes, was eine labile Luftschichtung voraussetzt. Vertikalbewegungen können verschiedene Ursachen haben, wodurch sich gleich eine Einteilung der Gewitter ergibt:

- **Wärmegewitter**: Sie verdanken ihre Entstehung einer starken Bodenerwärmung. Daher kommen sie in unseren Breiten ausschließlich in der wärmeren Jahreszeit vor; nur in den Tropen bilden sie sich das ganze Jahr über und fallen, der großen Hitze wegen, dort auch am heftigsten aus.

Je höher Temperatur und Luftfeuchtigkeit sind, desto stärker ist die Gewitterneigung und desto verheerender kann sich das Unwetter austoben. Das Auftreten von Gewittern ist meist an die Zeit der größten Erwärmung, also an den Nachmittag gekoppelt. Seltener kommen sie erst gegen Abend vor oder schon am Vormittag.

Während einer längeren Hochdruckphase im Sommer erhitzt sich das Land sehr starkt, und wenn nun der hohe Luftdruck langsam abgebaut wird, werden die Cumuli größer und prächtiger und die Luft schwüler: Einer sommerlichen Hochdrucklage folgt bei fallendem Luftdruck sehr häufig eine Gewitterlage, die mehrere Tage anhalten kann. Am Vormittag ist es dabei schön, gegen Mittag bilden sich Quellwolken, bis zum Nachmittag wachsen sich diese zu Wolkentürmen aus, oft mit Amboß, das Gewitter bricht los, und am Abend lösen sich die Wolken wieder auf, die untergehende Sonne bricht noch kurz durch.

Solche Wärmegewitterwolken erkennt man natürlich an ihren geradezu gigantischen Ausmaßen, der dunklen unteren Wolkenregion und der enormen Höhenerstreckung. Ist ein Amboß vorhanden, jener faserige, aus feinen Eiskristallen bestehende, sich über den Wolkenturm an der Sperrschicht zur Troposphäre ausbreitende Schirm, dann kann man sicher sein, ein gewaltiges Gewitter mit Hagel und heftigsten Sturmböen zu erleben. Bevor die Gewalt über einen hereinbricht, wird es meist diesig, und das Barometer fällt. Schließlich kommt ein leichter schwülwarmer Wind auf, der aber direkt vor dem Gewittersturm wieder einschläft. Unmittelbar vor dem Losbrechen des Unwetters geht der Luftdruck steil nach oben (s. Abb. 69).

– Gut organisiert treten auf breiter Front die **Frontgewitter** auf. Linienhaft entlang der **Kaltfront** in der turbulenten Zone gehen schwere Gewitter nieder. Die Gewitterlinie kann durchaus mehrere hundert Kilometer lang sein und mit einer Geschwindigkeit von 100 km/h über das Land ziehen. Da Kaltfronten bei uns das ganze Jahr über durchziehen, kommt es, allerdings recht selten, auch in der kalten Jahreszeit, sofern die Temperaturgegensätze groß genug sind, zur Gewittertätigkeit.

Vor gewittrigen Kaltfronten schläft zunächst der Wind ein, dann wird es warm und schwül mit meist sehr leichtem Wind. Sehr viel früher, lange bevor man die deutlichen Anzeichen in der Luft sehen und spüren kann, machen sich Gewitter im Radio auf Mittelwelle durch prasselnde Geräusche bemerkbar. Die Front kommt aus der Richtung, aus welcher der Wind weht. Das Barometer fällt bei Annäherung der Front, in einer kontinuierlich steiler werdenden

Kurve, ab. Kurz vor Ausbruch des Gewitters springt es geradezu um mehrere hPa tiefer, und sobald die Front angekommen ist, steigt es schlagartig wieder an. Die Gewitter sind fast immer sehr heftig, und hinter der Front wird das Wetter nicht besser, es regnet anhaltend und häufig sehr ergiebig, zudem sind weitere, aber nun weniger starke Gewitter möglich. In der Regel bringen Kaltfronten mit Gewittern eine völlige Umstellung der Wetterlage mit sich, indem sie eine kühle und feuchtere Westwindlage einleiten.

Kommt ein Gewitter in der Nacht, so handelt es sich, je später es losbricht, desto wahrscheinlicher, um ein Frontgewitter.

Wesentlich seltener sind Gewitter innerhalb einer **Warmfront** zu registrieren. Damit sie entstehen können, muß der Aufgleitvorgang die aufsteigende Luftschicht stark labilisieren. Dies geschieht im Mittelmeerraum im Zuge des Scirocco in beträchtlichem Ausmaß.

– **Orographische Gewitter** bilden sich über hohen Berggipfeln und Gebirgskämmen, wenn sich im Sommer die Hänge erwärmen und die Luft aufsteigt. Weil die Hangluft wärmer ist als die Luft in gleicher Höhe über dem flachen Land, steigt sie natürlich eher und schneller auf, wodurch sich, bei genügend Feuchtigkeit, rasch ein Gewitter entwickeln kann.

Je stärker der Aufwind innerhalb der Wolke ist, desto größer müssen die Wassertröpfchen sein, damit sie zur Erde fallen können. Größere Tropfen als mit einem Durchmesser von 5 mm kann es jedoch nicht geben, da bereits ihre eigene Fallgeschwindigkeit von ca. 8 m/s ausreicht, um sie auseinanderzureißen. Aus einer Konvektionswolke mit Aufwinden von mehr als 8 m/s kann es demnach auch nicht regnen. Die Wassertröpfchen werden innerhalb der Wolke bis in große Höhen getragen, vereisen, fallen wieder herunter, schmelzen dabei, werden zu kleinen Tröpfchen zerteilt, erneut hochgerissen, bis sie, wieder vergrößert, in ihren Ausmaßen knapp unterhalb der Zerplatzgrenze liegend und zu einer großen Menge angewachsen, endlich in die Abwindzone geraten und als große Tropfen oder auch Graupel zu Boden prasseln können.

Durch die großen Turbulenzen innerhalb einer Cb-Wolke mit ihren Aufwinden, die mit ihrer Tröpfchenfracht bis über 100 km/h schnell in die Höhe jagen, baut sich eine **elektrische Ladung** auf. Die obere Wolkenregion ist überwiegend positiv, die untere überwiegend negativ geladen.

Wie dies im einzelnen geschieht, versuchen mehrere Theorien zu erklären. Es dürften neben den Vertikalbewegungen aber sicher die

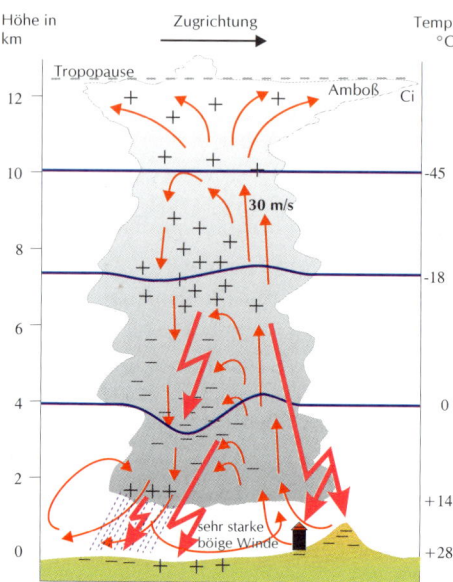

Höhe in km

Zugrichtung

Tropopause

Temp. °C

Amboß Ci

30 m/s

sehr starke böige Winde

-45

-18

0

+14

+28

Abb. 100   Eine ausgereifte Gewitterwolke - Cumulonimbus (Cb). Unter der Tropopause, welche die Stratosphäre nach unten abgrenzt, breitet sich der aus Eiskristallen bestehende Amboß aus. Diese Grenzschicht kann jedoch, wenn die Vertikalbewegung sehr schnell ist, stellenweise durchstoßen werden.

Die obere Wolkenregion ist überwiegend positiv, die untere, bis etwa -15 °C, weitgehend negativ aufgeladen. Dazwischen befindet sich eine durchmischte, insgesamt neutrale Schicht. An der Wolkenbasis ist im Regengebiet meist eine kleine Region positiv geladen.

Zusammenstöße zwischen Eisteilchen und die Aggregatzustandsänderungen des Wassers eine Rolle spielen.

Möglicherweise wird elektrische Ladung vor allem dadurch aufgebaut und zum beschriebenen Ladungszustand innerhalb der Wolke verteilt, daß die sich in der Höhe bildenden Graupelkörner an ihrer Unterseite positiv und an ihrer Oberseite negativ geladen sind. Wenn sie im Fall mit anderen oder mit Regentropfen zusammenstoßen, werden die kleinen abgesprengten positiven Teile der Unterseite wieder von den Aufwinden in die Höhe getragen, während die größeren negativen Teile weiterfallen oder vorläufig in der Schwebe gehalten werden.

Zerplatzen andererseits die großen Regentropfen an der Wolkenbasis während ihres Falles, so sind die kleineren Teile negativ geladen und werden zerstreut oder wieder in die Höhe geführt, die größeren sind positiv und verbleiben ihrer Schwere wegen unten. Auf diese Weise könnte im Regengebiet die kleine überwiegend positive Region an der Wolkenbasis entstehen.

Wenn sich ein Gewitter zusammenbraut, fließt zunächst die elektrische Ladung von der Erdoberfläche in die Atmosphäre hinauf. Ist die

Spannungsdifferenz zwischen einer Wolke und der Erdoberfläche größer als ~30 kV/cm, so kommt es zum **Blitz**, einer plötzlichen Entladung. Die Entladung kann sowohl zwischen Erde und Wolke, innerhalb einer Wolke oder zwischen verschiedenen Wolken stattfinden.

Der Blitz wird mit der **Vorentladung** eingeleitet, beim Erdblitz von oben nach unten, wobei negative Ladung zur Erdoberfläche transportiert wird. Bevor er unten ist, wächst ihm ein Fangkanal mit positiver Ladung entgegen. Dann erst kommt es zur Hauptentladung, der mehrere Teilentladungen folgen können, meist nur 4 bis 5, aber auch bis über 40. Die Länge eines Bodenblitzes beträgt in den mittleren Breiten etwa 1 bis 2 km, in den Tropen 2 bis 3 km.

Die **Hauptentladung** eines Blitzes pflanzt sich mit etwa einem Drittel der Lichtgeschwindigkeit, mit ca. 100.000 km/s, fort. Die Luft im Blitzkanal wird etwa 30.000 °C heiß, wodurch sie sich mit Überschallgeschwindigkeit ausdehnt und den Donnerlärm verursacht. Bei einem durchschnittlichen Blitz wird eine Spannung von einigen hundert Millionen Volt entladen. Schlägt er ein, etwa in einen guten Leiter, fließt ein Strom von 50.000 bis 100.000 Ampere. Ein Blitz leistet demnach ungefähr 10 Mrd. Kilowatt. Der Maximalstrom fließt jedoch nur in der äußerst kurzen Zeit von einigen Millionstel Sekunden, daher kann der Blitz letztendlich nur eine geringe Leistung liefern und ist als eventuelle Energiequelle völlig ungeeignet!

Die Energie, die in einer häufig vorkommenden sommerlichen Gewitterwolke steckt, ist aber trotzdem beachtlich: Sie enthält etwa 1 Mio. t Wasser und eine Energiemenge, die der entspricht, die alle deutschen Kraftwerke zusammen in einem Jahr produzieren.

Schließlich gibt es noch eine kaum weniger spektakuläre, aber lautlose Entladung: das **Elmsfeuer**. Es ist eine stille Entladung an Spitzen und Kanten von Gebäuden, Bäumen und Felsen oder sonstigen Gegenständen. Beobachten kann man das Elmsfeuer vor allem im Gebirge und wenn das Spannungsgefälle in der Nähe des Bodens mit ~10^5 V/m sehr hoch ist.

Der Hauptteil der Gewitter entlädt sich in den **Tropen Südamerikas** und **Afrikas**, über den **ostindischen Inseln** und **Mittelamerika**. Dort gibt es bis zu 200 Gewittertage im Jahr. Über den Subtropen, etwa der Sahara, treten nur an 5 bis 10 Tagen im Jahr Gewitter auf und über den tropischen Meeren auch nur an 10 bis 30 Tagen. In Mitteleuropa gehen Gewitter an 20 bis 30 Tagen nieder, mit abnehmender Tendenz nach Norden hin. Die Hitzegewitter, hervorgerufen durch starke Konvektion bei labiler Schichtung, treten somit deutlich in den Vordergrund. Wie in einem der vorangegangenen Kapitel erwähnt, kommt es über Land vor allem am

Nachmittag zur Gewittertätigkeit, über dem Meer hingegen überwiegend bei Nacht.

Zwar sind in Metallflugzeugen die Passagiere wie in einem Faradayschen Käfig gut geschützt, die Maschine selbst wird in der Regel vom Blitz auch nicht sonderlich beschädigt, es bleiben nur die kleinen Löcher, wo der Blitz einschlug und wo er das Flugzeug wieder verlassen hat, aber es besteht die Gefahr, daß die Elektronik beeinträchtigt wird, und dadurch kann die Maschine in Gefahr geraten. Natürlich ganz abgesehen davon, daß die kräfigen Turbulenzen und großen Hagelkörner ein Flugzeug so schwer beschädigen können, daß es abstürzt.

Sportschiffer sind natürlich in relativ großem Ausmaß gefährdet, denn wenn es auf einem so kleinen Schiff einschlägt und es sich nicht um ein Stahlschiff handelt, kommt man dem Blitz recht nahe. Hat man sich vom Schock erholt, nachdem es eingeschlagen hat, dürfte der Griff zum Feuerlöscher die erste Handlung sein, denn die Brandgefahr ist groß. Die elektronischen Geräte und der Kompaß werden auch nicht mehr funktionieren, was aber nicht von Dauer sein muß. Schließlich sollte man nach dem Rumpfdurchschuß schauen, einem Loch, das kaum größer als 1 mm im Durchmesser sein wird, doch auch ein solch kleines Loch läßt ein im Hafen liegendes unbeaufsichtigtes Boot letztendlich sinken, auch wenn es Tage dauert.

Am besten ist es, man läßt vor einem Gewitter den Dieselmotor an, denn nach einem Blitzschlag springt er bestimmt nicht mehr an, erledigt die navigatorischen Aufgaben und alle Sicherheitsvorkehrungen für schweres Wetter.

Wenn man wissen will, wie weit man noch von dem Gewitter entfernt ist, zählt man einfach die Sekunden, die zwischen dem Blitz und dem ankommenden Donner liegen, und dividiert diese Zahl durch drei. Das Ergebnis ist die Entfernung in Kilometern.

7.4   Der Monsun in Indien

Während der Land- und Seewind nur die Küstenzonen umfaßt und daher eine so unbedeutende horizontale Dimension besitzt, daß die Corioliskraft bloß eine vernachlässigbare Wirkung entfalte kann, haben die einem gleichartigen System zugrundeliegenden **Monsune** ein ganz anderes Gewicht in der planetarischen Zirkulation. Sie stehen im Zusammenhang mit der **Erwärmung ganzer Kontinente** während des Sommers und deren **Auskühlung** im Winter. Diese Winde weisen daher eine jahreszeitliche Richtungsänderung auf, die nach der Monsundefinition mindestens 120° betragen muß. Da die Monsunwinde (arabisch: mansin = Jahreszeit) riesige Gebiete umfassen, kann die Corioliskraft ablenkend eingreifen.

Analog zum Land- und Seewind verursacht die Erwärmung der Luftmassen über dem Land im Sommer eine Aufwölbung der Isobarenflächen und daher ein Ausfließen der Luft in höherem Niveau in Richtung zum kühleren Meer. Über dem heißen Land erniedrigt sich also der Luftdruck nahe der Erdoberfläche gegenüber dem Druck in den unteren Schichten über dem Meer. Um die erhitzte Landfläche entsteht durch die Druckverteilung eine zyklonale Zirkulation mit dem reibungsbedingten Einströmen von Luft in den unteren Schichten. Diese Luft steigt nunmehr erwärmt auf und strömt in der Höhe aus.

Umgekehrt senken sich über einem im Winter abgekühlten Landgebiet die Isobarenflächen. Dadurch strömt Luft in der Höhe in die „Mulde" hinein, und der Luftdruck steigt in Bodennähe. So entsteht am Boden ein Hoch mit antizyklonaler Zirkulation, wobei in Bodennähe die absteigende Luft in Richtung der wärmeren Meeresregionen ausfließt, wo sie erneut aufgewärmt aufsteigt. Das Ausströmen der Luft über dem kühlen Kontinent verursacht über dem umgebenden Meer eine kräftige Zyklonentätigkeit. Der niedrige Luftdruck über dem Wasser, über dem die Luft wieder aufsteigt, führt zu einem Zusammenfließen über dem kalten Kontinent.

Monsunwindsysteme können bei allen großen Landmassen eine Rolle spielen, am besten entwickelt sind sie jedoch in den niederen Breiten. Am ausgeprägtesten ist der Monsun im Bereich der südasiatischen Subkontinente. Der Monsunbegriff läßt jeden sofort an Indien denken, dem großen Monsungebiet. Aber auch in Hinterindien, in Teilen von China und Afrika, auf der Südhalbkugel im Bereich von Indonesien und Nordaustralien tritt er auf, hier natürlich spiegelbildlich in der Richtung und zur anderen Jahreshälfte.

Auch in Mitteleuropa haben wir eine monsunale Strömung. Als **europäischen Monsun** bezeichnet man die von April bis Juli vorherrschenden, jedoch unbeständigen nordwestlichen Winde, die an nach Osten wandernde Tiefdruckgebiete gekoppelt sind und immer wieder Kaltluftvorstöße von Nordwesten und Norden einleiten. Diese Häufung von vordringender nördlicher Kaltluft während der doch schon warmen Jahreszeit (u. a. „Schafskälte", „Siebenschläfer") hängt mit der jahreszeitlichen Erwärmung des eurasischen Kontinents zusammen. Ein definitionsgemäßer

Monsun ist es natürlich nicht, dazu fehlt die entsprechende große Richtungsänderung – es handelt sich nur um eine monsunale Drehung der sonst vorherrschenden Westwinde – und die Beständigkeit.

Die oben angegebene Erklärung des **indischen Monsuns**, als sehr großräumige Land- und See-Winderscheinung, ist nicht ausreichend. Es spielt die **Verschiebung** von Teilen der **allgemeinen Zirkulation**, insbesondere der Strahlströme eine wesentliche Rolle.

Infolge der starken Sonneneinstrahlung im Sommer verschiebt sich die **Innertropische Konvergenzzone** nach Norden (s. Abb. 4). Und da der Himalaya und das tibetanische Hochland als Heizfläche in der Höhe fungieren, ist dort die Luft wärmer als in der freien Atmosphäre in gleicher Höhe (s. Abb. 101). Die Folge ist, daß die ITC sich bis in das Gebiet des südlichen Himalayas verschiebt.

Der **Subtropen-Jetstream** ist im Winter und Frühling zweigeteilt, wobei der nördliche Ast sich über Asien, nördlich des Himalayas durch die Atmosphäre windet, während der südliche Strömungsast südlich des Himalayas anzutreffen ist. Ab Mai wird dieser südliche Ast schwächer und verschwindet schließlich. Damit ist der Weg für den äquatorialen Trog, der ITC, frei, er kann sich weit nach Norden verlagern, zusammen mit den hochatmosphärischen Ostwinden der ITC – dem äquatorialen Jetstream – (Abb. 9).

Als Ursprung der indischen südwestlichen Monsunwinde werden weitgehend die **Südostpassatwinde** der Südhalbkugel angesehen, die beim Übertritt auf die Nordhalbkugel entsprechend der Corioliskraft zum Südwest-Monsun umgelenkt werden.

Im Herbst verlagert sich die ITC wegen der sich verringernden Sonneneinstrahlung wieder südwärts, und der südliche Ast des zweigeteilten Jetstreams lebt wieder auf, und zwar innerhalb weniger Tage. Nun entwickelt sich über Tibet eine **Antizyklone**, aus der die kalte asiatische Festlandsluft die Himalayaabhänge herabfließt. Im Oktober kommt dieser Nordost-Passat als **Wintermonsun** zustande. Dabei wird die an sich schon recht trockene Luft adiabatisch erwärmt und trocknet noch weiter aus. Im Oktober beginnt also die Trockenzeit, die den Boden steinhart werden und die Vegetation verdorren läßt. Von März an fängt der Nordost-Passat an abzuklingen, in den Küstenregionen können erste Gewitterregen niedergehen.

Erst ab Juni erlösen aber die über das warme Meer streichenden und somit labil geschichteten feuchten Luftmassen den Subkontinent von seiner Ausgedorrtheit. Sie bringen aus hochreichender Quellbewölkung

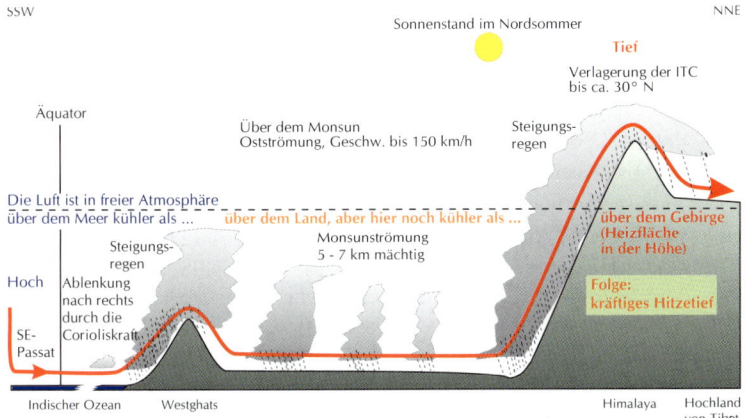

SSW

Sonnenstand im Nordsommer

NNE

Tief

Verlagerung der ITC
bis ca. 30° N

Äquator

Über dem Monsun
Ostströmung, Geschw. bis 150 km/h

Steigungs-
regen

Die Luft ist in freier Atmosphäre
über dem Meer kühler als ... über dem Land, aber hier noch kühler als ... über dem Gebirge
(Heizfläche
in der Höhe)

Steigungs-
regen

Monsunströmung
5 - 7 km mächtig

Hoch

Ablenkung
nach rechts
durch die
Corioliskraft

**Folge:
kräftiges Hitzetief**

SE-
Passat

Indischer Ozean   Westghats

Himalaya   Hochland
von Tibet

Abb. 101   Schematische Darstellung des Sommermonsuns im Bereich des indischen Subkontinents. Im Sommer verläuft die ITC über dem südlichen Himalaya, so daß Luft von Süden, von jenseits des Äquators, angesaugt wird. Nach
dem Übergang auf die Nordhalbkugel wird der Südost-Passat zum Südwest-
Monsun durch die Corioliskraft abgelenkt. Da die Luftströmung über das warme
Meer führt, nimmt sie eine große Menge an Feuchtigkeit und Energie auf.
Im Winter bildet sich über dem asiatischen Festland ein Hoch, aus dem in den
unteren Luftschichten kalte und trockene Festlandsluft in südlicher Richtung die
Himalayahänge hinunterfließt. Im Zuge der adiabatischen Erwärmung wird dieser Wintermonsun noch mehr ausgetrocknet, mit der Folge, daß Indien bis zum
nächsten Sommer ausdörrt.

langanhaltende gewittrige Niederschläge, vor allem dort, wo sie zum
Aufstieg gezwungen sind. Mangalore am Fuße der Westghats erhält im
Juni und Juli zusammen ca. 2.000 mm Niederschlag, in Cherrapunji im
Khasigebirge fallen im gleichen Zeitraum 5.200 mm Niederschlag, im
ganzen Jahr durchschnittlich 11.633 mm – zum Vergleich: Frankfurt/M.
633 mm/J., Stuttgart 687 mm/J., Hamburg 714 mm/J., die letztgenannte
Menge entspricht etwa derjenigen, die in Bombay im Juli vom Himmel
rauscht.

In den meisten Gebieten des Subkontinents beschränkt sich der Niederschlag auf die Monsunmonate. Nur für die Ostküste des Dekkans, die
Ostküste Hinterindiens und den Golf von Siam liegt die Hauptregenzeit
von Oktober bis Dezember. Dort treten im Zuge der tropischen Zyklone
zu dieser Zeit heftige Niederschläge auf.

7.5   Wirbelstürme

7.5.1   Hurricanes oder Taifune

In den Tropen kommen **zyklonale Schlechtwettergebiete** von sehr unterschiedlicher Intensität vor. Die **tropischen Orkane**, die **Hurricanes**, sind mit Abstand die gefährlichsten Wettererscheinungen überhaupt. Sie haben zusammen mit einigen anderen Stürmen zwischen 1983 und 1992 weltweit einen Schaden von ca. 88 Mrd. DM angerichtet, das ist viermal soviel wie in den 60er Jahren. Allerdings beruht die Schadenszunahme im wesentlichen auf der dichteren Bebauung an den Küsten.

Die **Hurricanes** oder **Taifune**, wie sie in den Gewässern Chinas und Japans heißen, ähneln den wandernden Zyklonen unserer mittleren Breiten, haben aber eine erheblich geringere horizontale Erstreckung. Sie entsprechen mit einem Radius von höchstens einigen 100 Kilometern dem allerersten Entwicklungsstadium unserer üblichen Tiefdruckgebiete. Nur die Taifune im pazifischen Raum sind größer und erreichen einen Durchmesser bis 1.500 km. Die Hurricanes sind aber nicht nur kleiner, sie besitzen auch keine Fronten, sie sind symmetrische Wirbel und weisen mit bis unter 900 hPa (1927 östlich der Philippinen minimal 886,5 hPa) einen ungleich niedrigeren Kerndruck auf als unsere wandernden Tiefs.

Die Zirkulation der Luft ist von der Corioliskraft bestimmt, sie ist also zyklonal. Daher gibt es um den Äquator, wo die Corioliskraft erst mit ihrer ablenkenden Rolle beginnen kann, eine zyklonenfreie Zone zwischen ungefähr 5° N und 5° S (s. Abb. 102). Die in Abb. 102 ersichtliche Orkanfreiheit des Südatlantiks geht, abgesehen von den Gebieten direkt um den Äquator, auf die Oberflächenwassertemperatur zurück, denn zur Bildung eines tropischen Wirbelsturms muß das Wasser mindestens 27 °C warm sein. Das zeigt, daß die bei der Kondensation des Wasserdampfes freiwerdende latente Wärme die Ursache für die Entstehung und den Fortbestand des tropischen Orkans ist. Bei steigender Temperatur erhöht sich ja die Fähigkeit der Luft, Wasserdampf zu halten, und damit erhöht sich auch die bei der Hebung bzw. Kondensation freigesetzte Wärme und somit die Labilitätsenergie.

Wie die Tiefdruckgebiete der mittleren Breiten werden auch die tropischen Orkane von der Hauptströmung in der Atmosphäre gelenkt. Die Zyklonenbahnen haben anfangs alle eine Ost-West-Richtung und biegen dann auf einer parabelähnlichen Bahn gegen die höheren Breiten ab, wo sie unter den Einfluß der subtropischen Hochdruckgebiete in die

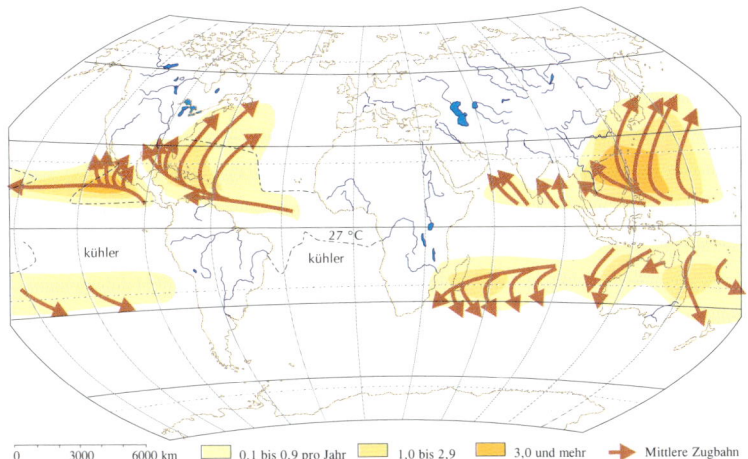

Abb. 102   Die Gebiete der tropischen Wirbelstürme. Die Pfeile weisen auf die Zugbahnen der tropischen Wirbelstürme hin. Die dünnen gestrichelten Linien im Atlantik und im östlichen Pazifik kennzeichnen die 27-°C-Isotherme des Wassers, die Mindesttemperatur, an die ein Hurricane bzw. ein Taifun gebunden ist. Über kühlerem Wasser kann er sich erst gar nicht entwickeln oder er verliert seine Energie. In der Zone zwischen etwa 5° N und 5° S können wegen der fehlenden bzw. zu geringen Corioliskraft keine Wirbelstürme vorkommen.

Westwindzone gelangen können. Dabei geraten sie in den Bereich der Polarfront, erhalten dadurch ein Frontensystem und ziehen als ganz normale Tiefs, bisweilen allerdings als etwas kräftigere, z. B. nach Europa. Dies kann jedoch in der Regel nur dann geschehen, wenn sie als Hurricanes nicht über Land gekommen sind, denn dort werden sie rasch aufgefüllt und aufgelöst.

Tropische Wirbelstürme sind seltene Ereignisse. Sie kommen im allgemeinen nur zu bestimmten Jahreszeiten vor. Im Bereich des Nordatlantiks liegt die Zeitspanne zwischen Mai und November. Am häufigsten muß mit ihnen im September gerechnet werden, dann, am zweithäufigsten, im August und Oktober, sehr viel geringer ist die Chance im Juni und Juli, und sehr selten können sie die Küstenbewohner im November und Mai in Angst und Schrecken versetzen. Die Taifune im Pazifik halten sich an ähnliche Zeiten. Auf der südlichen Halbkugel muß man von Februar bis April mit ihnen rechnen. Tropische Stürme hingegen, mit 6 bis 12 Bft, kommen sehr oft vor.

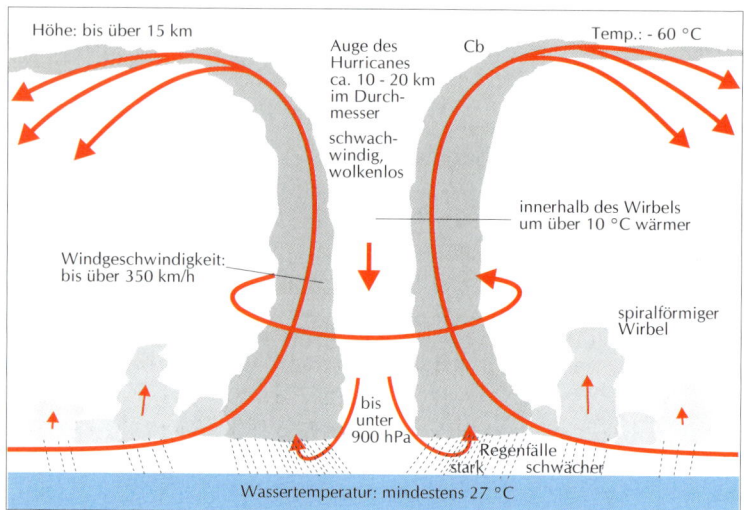

Abb. 103   Schematische Darstellung eines tropischen Wirbelsturms im Profil.

Am häufigsten wird der Pazifik vor Ostasien von Taifunen heimgesucht. Im Durchschnitt werden dort über 20 Wirbelstürme im Jahr gezählt, im Nordatlantik nur ungefähr 10.

Auslösende **Ursache** der Wirbelstürme ist manchmal ein flaches Tief in der Tropenzone oder bzw. und eine konvergente Strömung am Südrand der Subtropenhochs. Die Atmosphäre ist während der Hurricane-Saison bis in 10 bis 15 km Höhe von einer hohen Labilitätsenergie gekennzeichnet. Die Hebung in einem Wirbelsturm hängt von hoher Labilitätsenergie ab, die bei der Kondensation durch die Hebung der feuchten und warmen Luft frei wird. Eine Hebung, die gezwungenermaßen, etwa durch eine konvergente Strömung, in einem kleinen Gebiet zustandekommt, führt dazu, daß die Luft aus der Nachbarschaft in den unteren Schichten unmittelbar in das kleine Gebiet tieferen Drucks einströmt.

Durch das Einströmen von feuchter und warmer Luft in den tieferen Schichten, deren Hebung, wobei sie sich natürlich adiabatisch abkühlt, so daß nach Erreichen des Kondensationsniveaus Wasserdampf ausfällt, wird dem Luftraum ununterbrochen Energie, Labilitätsenergie zugeführt. Dadurch schießt die Luft in die Höhe, und zwar ringförmig um das Zentrum. Wie bei Eistänzern, die sich umso schneller drehen, je enger sie ihre Arme an den Leib heranführen, so nimmt das Luftteilchen auf seiner spiralförmigen Bahn, auf der es sich dem Zentrum nähert, an Geschwindigkeit zu. Schließlich wird die Zentrifugalkraft so groß, daß sie die Wirkung der Gradientkraft und der Corioliskraft übersteigt. Damit hört der Einströmungs-Vorgang in das Wirbelzentrum auf. Da aber gleichzeitig weitere Luftmassen von außen nachdrängen, wird die um das Zentrum rotierende Luft nach oben auszuweichen gezwungen, und nach Überschreitung des Kondensationsniveaus besorgt die Labilitätsenergie den weiteren Transport nach oben, bis in 10 bis 15 km Höhe, wo die Luft nach außen abfließt.

Unmittelbar um das Zentrum herum betragen die Windgeschwindigkeiten häufig über 200 km/h. Ist das Wasser nur 27 °C warm, erreichen die Winde „nur" maximal 280 km/h, aber bei auf über 34 °C erwärmtem Wasser können sie sich im Extremfall auf über 350 km/h beschleunigen. Der stärkste Niederschlag fällt etwas weiter vom Zentrum entfernt. Mitunter können es in wenigen Stunden bis zu 1.000 mm Niederschlag sein.

Im **Zyklonenzentrum**, dem **Auge** von ungefähr 20 km Durchmesser, herrschen nur relativ schwache Winde aus wechselnden Richtungen, der Himmel ist wolkenfrei oder nur von dünnen Wolken bedeckt. Das deutet auf absinkende Luft, obwohl dort der tiefste Druck zu messen ist. Daher ist es hier auch erheblich wärmer als in den anderen Teilen des Hurricanes. Im Auge ist das Meer in chaotischem Zustand, es laufen hohe Wellen kreuz und quer, so schaukeln sich die Kreuzseen zu ungeheuren Bergen auf. Daher ist auch diese stille Zone bei Seefahrern sehr gefürchtet.

Über See kann ein tropischer Wirbelsturm nur an Gewalt abnehmen, wenn er in kühlere Gefilde kommt, d. h. über Wasser von einer Temperatur unter 27 °C. Der herabprasselnde Regen kühlt wegen des sehr wirksamen Austausches zwischen der Wasseroberfläche und tieferen Schichten das Meer nicht ab. Wenn die mit nur 15 bis 50 km/h dahinziehende Zyklone aber an Land kommt, erniedrigt sich die Temperatur des Bodens durch den Regen. Dadurch stockt der Nachschub an Energie, und die Zyklone füllt sich rasch auf. Über dem warmen Meer ist ein Hurricane also sehr stabil. Er kann über Tage und Wochen hinweg toben und legt dabei Tausende von Kilometern zurück.

7.5.2   Tromben

Bisher wurden atmosphärische Wirbel mit Radien um 1.000 und mehr Kilometer, die Zyklonen der mittleren Breiten, und mit einigen 100 Kilometern, die tropischen Orkane, beschrieben. Diese Wirbel können auf den Wetterkarten dargestellt und verfolgt werden. Aber neben diesen kommen auch Wirbel mit Radien um einige 10 m oder weniger vor. Maximal können sie einen Durchmesser von ein paar Kilometern aufweisen. Alle diese kleinen, auf der Wetterkarte nicht darstellbaren Wirbel nennt man **Groß**- bzw. **Kleintromben**.

Kleintromben können sich in stark erhitzter und somit labil geschichteter Luft bilden. Sie entwickeln sich bei starker lokaler Überhitzung aus Konvektionsblasen, die sich schnell rotierend vom Boden abheben, Staub und leichtere Objekte aufwirbeln und einige 100 m Höhe erklimmen können. Sie sind insbesondere in Wüstengebieten zu beobachten, aber auch einige Male im Sommer in den mittleren Breiten.

Großtromben entstehen in höheren Luftschichten, in warmer, feuchter, labil geschichteter Luft, mit kräftiger Konvektion. Sie bilden sich in zyklonal rotierenden Cumulonimbuswolken, vor allem im Warmluftsektor direkt vor einer Kaltfront, wobei trockene Kaltluft in der Höhe der Bodenfront vorausgeeilt ist und dadurch die Warmluft stark labilisiert hat. Dies führt zu enormen vertikalen Umlagerungen in engen Schloten. Daher arbeitet sich aus solchen Cb-Wolken der rüsselförmige Wirbel nach unten, oft bis zur Erdoberfläche.

Die **Windgeschwindigkeit** im Rüssel um das Zentrum ist sehr hoch, sie kann, in der Höhe zunehmend, 100 bis 200 m/s erreichen, was bis rund 700 km/h entspricht. Mit solchen Windgeschwindigkeiten übertreffen sie natürlich die tropischen Wirbelstürme. Daher wirken sie sich auf ihren Zugbahnen absolut verheerend aus. Der Luftdruck im Inneren der Trombe ist extrem niedrig, es wurden schon 780 hPa beobachtet. Genauere Messungen sind bisher aus naheliegenden Gründen nicht bekannt. Zieht eine Trombe, der Begriff **Tornado** ist allgemein bekannter, über ein Haus hinweg, zerplatzt dieses wegen der plötzlichen Luftdruckabnahme, falls der ungeheure Wind es nicht schon zerstört hat.

Der extreme Druckgradient verhindert ursächlich ähnlich wie beim tropischen Wirbelsturm den raschen Luftdruckausgleich, denn die Luftteilchen werden auf einer Kreisbahn um das Zentrum, zu dem es hingezogen wird, herumgeführt. Die Zentrifugalkraft ist ja nach außen gerichtet. Es pendelt sich wegen der hohen Luftgeschwindigkeit also ein Gleichgewichtszustand zwischen Gradientkraft und Zentrifugalkraft ein.

Welche Rolle die Corioliskraft dabei spielt, ist nicht ganz klar. Zwar drehen die amerikanischen Tornados alle in zyklonaler Richtung, aber die Tromben können auch antizyklonal wirbeln, da die Corioliskraft bei den geringen Ausdehnungen der Wirbel außerordentlich gering ist.

Tornados wandern mit 50 bis 60 km/h entsprechend der bestimmenden Höhenströmung 5 bis 10 km weit, manchmal legen sie auch längere Strecken, sogar bis zu 300 km zurück. Sie schlagen auf einer Breite von 300 bis etwa 1.000 m eine Schneise der völligen Verwüstung, auf einer schlingernden Bahn, die der unberechenbar hin und her pendelnde Rüssel beschreibt. Entsprechend der Wirbelgeschwindigkeit ist die Geschwindigkeit der Aufwinde. Die Aufwärtsbewegung kann so stark sein, daß selbst große Gegenstände in die Höhe gerissen werden.

Tornados sind bekannt für den Mittleren Westen der USA. Durchschnittlich gibt es in den USA 750 derartige Wirbelstürme im Jahr. Die **Tornadogefahr** ist im Mai und Juni am größten, wenn der Temperaturkontrast zwischen der warmen und feuchten Tropikluft aus dem Golf von Mexiko und der Kaltluft aus dem Norden am stärksten ausgeprägt ist. Die hochreichende Kaltluft stößt über die Rocky Mountains aus nordöstlicher Richtung vor. Wenn die beiden unterschiedlichen Luftmassen zusammentreffen, eilt, wie oben beschrieben, die kalte Luft in der Höhe der Front voraus und stürzt nach unten.

Auch in Mitteleuropa werden pro Jahr durchschnittlich etwa 10 kleinere Tornados verzeichnet. In der Regel werden sie **Windhosen** oder **Tromben** genannt. Bei uns entwickeln sich die Wirbelstürme in feuchtwarmer Subtropenluft, die uns auf der Vorderseite eines atlantischen Tiefs vom Mittelmeer aus erreicht.

Weithin bekannt ist der Tornado von Pforzheim am Abend des 10. Juli 1968, einem sehr heißen und schwülen Tag. Ausgelöst wurde der Wirbel von einer schwachen Bodenkonvergenz in der äußerst feuchtwarmen Luft des Warmluftsektors bei labiler Schichtung. In 1.500 m Höhe befand sich eine trockene Schicht, deren Temperatur sich partiell durch Verdunstungskühle erniedrigte, so daß die Labilität erhöht wurde, genauso wie dies auch im Zuge der Annäherung der Kaltfront aus Westen geschah.

Die Zugbahn war 27 km lang. Seitlich des Tornados gingen schwere Gewitter nieder. In der Stadt Pforzheim wurden 1750 Häuser beschädigt, unzählige Bäume gefällt und Hochspannungsleitungsmasten geknickt. Der Gesamtschaden betrug 130 Mio. DM.

Wenn über Wasser aus Cb-Wolken der Schlauch einer Trombe herauswächst, der Wasser aufwirbelt, spricht man von einer **Wasserhose**. Doch deren Ausdehnung ist geringer. Zieht auf See eine Wasserhose auf einen zu, der man nicht mehr ausweichen kann, bleibt einem als Segler nur noch übrig, alle Schoten zu lösen, unter Deck zu verschwinden, sämtliche Luken zu schließen, die immer griffbereiten Schwimmwesten überzuziehen und der kommenden Dinge zu harren. Die Segel wird man auf jeden Fall verlieren. Die Gefahr besteht nicht nur auf dem Meer, sie ist auch auf den Voralpenseen gegeben, wenn auch sehr selten. Über dem Bodensee werden immer wieder, wenn auch in großen Abständen, kleine Wasserhosen gesehen, aber untergegangen ist deswegen glücklicherweise noch niemand.

8 Weiterführende Literatur

Albrecht, V.; Jaeneke, M.; Sommerhoff, G.; Kellermann, W.: Wetter, Lawinen. 3. Aufl., BLV, München 1994.

Balzer, K.: Wetterfrösche und Computer. Möglichkeiten und Grenzen der Wettervorhersage. Harri Deutsch, Frankfurt 1989.

Flemming, G.: Einführung in die Angewandte Meteorologie. Akademie-Verlag, Berlin 1991.

Karnetzki, D.: Das Wetter von morgen. Praxis für den Yachtsport. Delius/Klasing, Bielefeld 1992.

Keidel, T.; Claus, G.: Bergwetter. Ein Ratgeber für Wanderer und Bergsteiger durch alle Jahreszeiten. Bergsport-Praxis. Bruckmann, München 1994.

Krauß, J.; Meldau, H.: Wetterkunde und Meereskunde für Seefahrer. Fortgef. v. Stein, W.; Höhn, R. 7. Aufl., Springer, Berlin-Heidelberg 1983.

Liljequist, G.; Cehak, C.: Allgemeine Meteorologie. Vieweg, München 1990.

Lorenz, D.; Miller, M.: Das Drei-D-Wetterbuch. Wittig Fachbuch, Hamburg 1991.

Malberg, H.: Bauernregeln. Aus meteorologischer Sicht. Springer, Berlin-Heidelberg 1993.

Mittelmeerwetterbericht. 1992

Möller, F.: Einführung in die Meteorologie. Tl. 1. Physik der Atmosphäre. Spektrum, Akademischer Verlag, Heidelberg 1973.

Schmidtke, K.-D.: Land im Wind. Wetter und Klima in Schleswig-Holstein. Wachholtz, Neumünster 1995.

Schönwiese, C.-D.: Klimatologie. Ulmer, Stuttgart 1994.

Schönwiese, C.-D.: Klima im Wandel. DVA, Stuttgart 1992.

Schult, J.: Bord-Wetter-Karte Mittelmeer. 3. Aufl. DK Edition Maritim 1992.

Schult, J.: Bord-Wetter-Karte Nordesee-Wetterbericht. 3. Aufl. DK Edition Maritim 1990.

Tarnecke, G.: Meteorologie und Umwelt. Springer, Berlin-Heidelberg 1991.

Wetterstation: Vom Meßwertaufnehmer zum Satellitenbild. Elektor Schaltungspraxis. Elektor, Aachen 1994.

Walter, H.: Vegetationszonen und Klima. Ulmer, Stuttgart 1970.

9 Sachregister